本课题研究获得2020年度湖北省社科基金一般项目（后期资助项目）（项目编号：2020043）、2020年度黄冈师范学院博士基金项目（项目编号：2020031）、2021年度黄冈师范学院高级别培育重点项目（项目编号：202109104）资助。
本书出版得到湖北省普通高校人文社科重点研究基地大别山旅游经济与文化研究中心开放基金资助。

绿色发展
制度压力与养猪户环境行为：
影响机制及实证研究

左志平　著

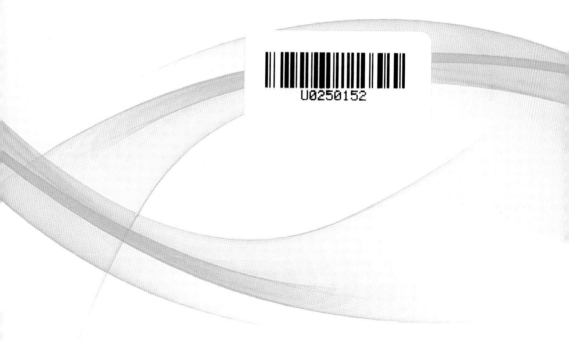

U0250152

武汉大学出版社
WUHAN UNIVERSITY PRESS

图书在版编目(CIP)数据

绿色发展制度压力与养猪户环境行为:影响机制及实证研究/左志平
著.—武汉:武汉大学出版社,2021.12
ISBN 978-7-307-22663-0

Ⅰ.绿…　Ⅱ.左…　Ⅲ.养猪学—研究　Ⅳ.S828

中国版本图书馆 CIP 数据核字(2021)第 216366 号

责任编辑:朱凌云　　　责任校对:李孟潇　　　版式设计:韩闻锦

出版发行:**武汉大学出版社**　　(430072　武昌　珞珈山)
　　　　(电子邮箱:cbs22@whu.edu.cn　网址:www.wdp.com.cn)
印刷:武汉邮科印务有限公司
开本:720×1000　1/16　印张:15.5　字数:223 千字　　插页:1
版次:2021 年 12 月第 1 版　　2021 年 12 月第 1 次印刷
ISBN 978-7-307-22663-0　　定价:60.00 元

前　言

养猪业规模化、集约化、产业化发展，引发的猪肉安全和环境污染问题日益严重。近几年以"瘦肉精"事件、"死猪漂流"事件为代表的猪肉安全和环境污染问题，严重危害人们的身体健康和生命安全。同时，因为养猪业环境污染事件引发的"邻里冲突"等问题也屡见报端，严重影响社会稳定。养猪业的环境污染和食品安全问题引发了政府、社会公众、行业组织等利益相关者的高度关注，各级政府纷纷出台一系列政策引导农户环境行为的实施；社会公众通过舆论压力来提高农户环境行为意识和意愿；行业组织大力推行畜禽废弃物循环利用模式，推广绿色养殖技术，促进养猪企业实现清洁生产，加快养猪业转型升级和绿色发展。在养猪业绿色发展背景下，对"农户环境行为影响因素和驱动机制"问题的研究一直是理论界的热点。目前，学术界主要从计划行为理论和理性行为理论的角度对"农户环境行为意识、意愿和行为"的内在关系进行深入探讨，研究结论不但没有统一，反而显得更加复杂。此外，学术界从场域层次的认知、规范、管制等社会制度环境视角来探讨农户环境行为的影响机制，缺乏深入探究。

本书基于新制度理论研究范式，突破了计划行为理论和理性行为理论研究范式，将农户环境行为内嵌于绿色发展制度环境，试图发掘外部绿色发展制度压力对农户环境行为的影响机制以及农户环境意识的中介或调节作用。具体来看，本书主要围绕以下四个方面的问题进行深入探讨：（1）绿色发展制度压力是不是农户环境行为的触发因素？哪些制度因素对农户环境行为具有显著的影响作用？（2）绿色发展制度压力能否提高农户环境行为的意识？具体的影响机制是怎样的？（3）农户

1

环境意识对环境行为的影响程度如何？它们在绿色发展制度压力与农户环境行为之间充当了什么样的角色？（4）绿色发展制度压力对农户环境行为的影响机制在不同农户群体间是否存在差异？社会人口统计变量是否会对上述作用机理产生影响？

为了弄清楚以上四个问题，本书首先通过对浙江省和湖北省的两家规模养猪场进行探索式案例分析，应用案例数据、理论阐述和模型构建三者相互印证的分析思路，探究了绿色发展制度压力、农户环境意识和农户环境行为之间的逻辑关系，构建了绿色发展制度压力、农户环境意识对农户环境行为影响的预设关系模型，从构念层面初步论证了本书构思的合理性。然后将农户环境行为产生机制放置于绿色发展制度环境之中，运用演化博弈模型，从成本收益视角剖析了政府规制、社会规范和邻里效仿三种绿色发展制度压力对农户环境行为驱动、演化和形成的影响机制，进一步为实证研究提供理论基础和现实逻辑。最后运用实证研究方法，分别检验三种不同的绿色发展制度压力对农户环境意识的影响机制，绿色发展制度压力不同维度对农户环境行为的影响机制，以及绿色发展制度压力、农户环境意识与农户环境行为之间的影响机制。

通过上述研究工作，本书得出了以下四点结论：

（1）绿色发展制度压力对农户环境意识和环境行为都有明显的正向驱动作用。首先，通过探索式案例分析发现：当养猪户环境行为问题被外部制度环境所建构时，养猪户为了与外部制度环境保持一致，会逐渐关注相关利益主体的诉求，并将环境问题与生猪养殖生产经营过程结合起来。其次，通过演化博弈分析发现：在政府规制、社会规范和邻里效仿三种绿色发展制度压力的作用下，养猪户为了追求经济效益和规避养殖风险，可能被绿色发展制度环境所形塑或调动，采取诸如源头污染预防、过程质量控制和末端废物治理等行为。最后，通过实证研究表明：绿色发展制度压力不同维度对养猪户环境意识和行为均具有显著的正向影响；绿色发展制度压力对养猪户环境意识的影响程度和显著性要高于其与养猪户环境行为之间的关系，说明养猪户对绿色发展制度压力的解读能力和认知能力在一定程度上促进了养猪户环境行为的形成。

（2）绿色发展制度压力对农户环境意识和环境行为影响显著性和程度各有不同。首先，通过绿色发展制度压力对养猪户环境意识的影响机制研究发现：绿色发展制度压力不同维度对养猪户环境意识均具有显著的正向影响，其中政府规制压力和邻里效仿压力均对养猪户环境风险意识具有显著正向影响作用；政府规制压力和社会规范压力均对养猪户环境收益意识具有显著正向影响作用。其次，通过绿色发展制度压力对养猪户环境行为的影响机制研究发现：三种绿色发展制度压力对养猪户源头预防行为均具有显著正向影响；政府规制压力和社会规范压力对养猪户过程控制行为具有显著正向影响，而邻里效仿压力对养猪户过程控制行为影响并不显著；政府规制压力对养猪户末端治理行为具有显著正向影响，而社会规范压力和邻里效仿压力对养猪户末端治理行为影响关系不显著。进一步分析发现：政府规制压力与社会规范压力的交互项、社会规范压力与邻里效仿压力交互项对养猪户环境行为具有显著正向影响。而政府规制压力与邻里效仿压力交互项对养猪户环境行为影响不显著，说明绿色发展制度压力不同维度之间既存在协同又存在冲突，而不是孤立的。

（3）农户环境意识在绿色发展制度压力与农户环境行为之间承担了中介和调节作用。首先，养猪户环境意识在绿色发展制度压力与环境行为之间具有中介效应。进一步研究发现：政府规制压力、社会规范压力和邻里效仿压力通过养猪户环境意识对源头预防行为产生部分中介效应；政府规制压力、社会规范压力通过养猪户环境意识对过程控制行为产生部分中介效应，养猪户环境意识在邻里效仿压力与过程控制行为之间起到完全中介作用；政府规制压力和邻里效仿压力通过养猪户环境意识对末端治理行为产生部分中介效应，社会规范压力通过养猪户环境意识对末端治理行为产生完全中介效应。其次，农户环境意识在绿色发展制度压力与农户环境行为之间具有调节效应。进一步研究表明：养猪户环境意识在政府规制压力、社会规范压力与源头预防行为之间具有调节作用；养猪户环境意识在政府规制压力与过程控制行为之间具有调节作用；养猪户环境意识在政府规制压力与养猪户末端治理行为之间具有调节作用。

（4）农户人口统计变量在绿色发展制度压力与农户环境意识和环境行为之间起到了调节作用。首先，农户人口统计变量在制度压力与农户环境意识及其不同维度之间具有调节作用。具体而言，养猪户受教育程度分别在政府规制压力、邻里效仿压力与农户环境意识之间具有显著调节作用，饲养规模在政府规制压力与环境意识之间具有显著调节作用。进一步研究发现：饲养规模在政府规制压力与环境收益意识间具有显著调节作用；饲养规模和受教育程度均在政府规制压力与环境风险意识之间具有显著调节作用。其次，农户人口统计变量对环境意识的影响作用存在差异。具体而言，受教育程度、是否参加合作社组织和饲养规模对环境意识具有显著正向影响，养殖年限对环境意识具有显著负向影响。说明受教育程度高、参加合作社组织时间越长和饲养规模越大的养猪户，环境意识明显要高一些；而养殖年限越长的养猪户环境意识越差。最后，农户人口统计变量在环境意识与环境行为之间具有调节作用，具体而言，饲养规模在环境意识与环境行为之间具有显著调节作用。

总体来看，本书可能有以下三点创新：

（1）突破了计划行为理论和理性行为理论视角的研究范式和仅从农户自身出发的原子主义观点。基于新制度理论视角，构建了农户环境行为理论的分析框架，研究视角具有一定开拓性。关于农户环境行为影响机制的研究，现有的文献主要遵循"认知（意识）→意愿→行为"和"认知（意识）→情景→行为"逻辑关系的论证思路，本书从新制度理论视角出发，将养猪户环境行为内嵌于社会制度环境，提出了绿色发展背景下外部制度压力是养猪户环境行为的内在驱动力的新论断，有助于从场域层次的认知、规范、管制等社会制度环境视角来探讨农户环境行为的影响机制。同时，本书基于多案例探索式研究提炼的三种绿色发展制度压力，也为新制度理论在中国社会经济绿色转型背景下的实证案例分析提供了应用范例。

（2）系统构建并实证检验了"制度压力→农户环境行为""制度压

4

力→农户环境认知→农户环境行为"两种分析模型，实现了外部制度因素、内部环境认知因素在农户环境行为影响因素中的融合分析，为权变分析外部环境与农户环境行为的关系提供了新思路。为了系统探讨养猪户环境行为的影响因素，特别是中国社会经济绿色转型时期，制度环境对养猪户环境行为的影响机制，本书突破了以往"影响因素→农户环境行为"较简单的研究思路，分析并实证检验了绿色发展制度压力与养猪户环境行为之间的影响关系，揭示了养猪户环境收益意识和环境风险意识在绿色发展制度压力与环境行为之间的中介和调节作用，从而揭示了绿色发展制度压力与农户环境行为之间的内在反应"黑箱"。

（3）突破了学术界仅限于以某一项具体的农户环境行为的单一指标评价，运用系统工程思想，从源头预防、过程控制和末端治理三个维度系统、全面、综合评价了农户环境行为的具体过程和内容，研究内容具有一定新颖性。环境行为是一个系统工程，为了全面、系统评价养猪户环境行为的具体过程和内容，本书突破了传统的研究多集中于源头预防或过程控制或末端治理某一项具体的环境行为的单一指标评价。本书基于纵向协作视角，从源头预防、过程控制和末端治理三个维度揭示了养猪户环境行为的过程和内容，采用复合型的指标构建了养猪户环境行为评价指标体系，丰富了农户环境行为的研究内容，研究内容具有一定的新颖性。

目　　录

第一章　绪　　论

一、研究背景

(一) 现实背景

1. 经济社会转型期，养猪业环境污染、食品安全等问题日益突出

养猪业是我国畜牧业的支柱产业。据统计，2016 年中国养猪业猪肉产量占畜牧业肉类总产量的 62%（段宏超，2017）。所谓"粮猪安天下"，养猪业转型升级和绿色发展不仅关系到国民经济发展，也与社会稳定息息相关。进入 21 世纪后，随着我国人口数量的不断增加，猪肉产品的需求量也在不断攀升，在政府政策的引导和支持下，我国养猪业逐渐向规模化、集约型、产业化和绿色化方向转型发展（林怡等，2017）。但与此同时，中国养猪业转型发展时期伴生的社会问题也日益突出。一方面，中国小农经济上千年未能改变农村的落后面貌，无形中导致了农民对"脱贫致富"的强烈渴望，部分农民认为"天下熙熙，皆为利来；天下攘攘，皆为利往"的古训天经地义、无可争议，于是出现了只追求个人经济利益而牺牲公众环境利益的行为。据权威部门统计，我国生猪养殖每年产生的畜禽粪污高达 12 亿吨，综合利用率不到 60%。大量畜禽粪污未经处理直接排放，对土壤安全、水安全和大气安全造成了严重的影响（Pan 等，2016；仇焕广和莫海霞，2012）。另一方面，当前农村经济社会转型时期普遍存在的法制体系不完善、社会监督制度不完善、行业规范不健全等现实问题，导致养猪业环境污染事件和食品安全事件屡见不鲜，如2013年海南"罗牛山养猪污染"事件①，2013年和2014年浙江、上海、青海、湖北、江西等地相继出现"死猪漂流"事件②，2015年金锣收购"黑蹄猪"事件③，2016年、2017年春节期间湖南省、山东省、广东省、湖北省等地相继曝光销售病死猪事件④，2017年央视媒体曝光"速肥肽"事件⑤等。与此同时，因为养殖污染引发的邻里冲突问题不断，也极大地影响了社会稳定。这些问题都凸显了目前我国农村经济社会绿色转型发展时期，解决养殖业环境污染、食品安全问题的重要性和紧迫性。

2. 政府、社会公众等利益相关者对农村环境污染治理的期望不断提高

近年来，随着农村环境污染治理制度、机制、模式和市场不断成熟，包括政府、企业、社会公众、行业组织以及农户自身在内的利益相关者逐步认识到"农户不仅仅只关心自己的利益，还应该节约资源、减少排污、提高品质""农户作为农村社会网络关系中的一员，社会规范对农户行为具有一定约束力和影响力"。"十三五"期间，我国政府部门围绕畜禽养殖业环境准入、执法监管、责任落实、绩效考核等关键环节，进一步细化了相关制度安排。2017年7月，农业部印发的《畜禽粪污资源化利用行动方案（2017—2020）》明确指出，鼓励农户、企业、市场和政府等主体共同参与畜禽废弃物综合治理，为不同利益主体协同推进畜禽养殖废弃物资源化利用提供了行动方案。2016年开始，浙江省、湖北省、湖南省等省市先后启动《畜禽禁养区专项整治行

---

① 资料来源：中国新闻网.http：//news.163.com/13/1016/20/9BB94HP800014JB6.html.

② 资料来源：新华网.http：//news.21cn.com/caiji/roll1/2013/03/13/14788695.shtml.

③ 资料来源：人民网.http：//legal.people.com.cn/n/2015/0320/c188502-26725599.html.

④ 资料来源：人民网.http：//legal.people.com.cn/n1/2017/0213/c42510-29076111.html.

⑤ 资料来源：人民网.http：//pic.people.com.cn/GB/165652/165654/14163195.html.

动》，引导养猪户有序、有偿退出禁养区，在限养区和适养区采用养殖分离模式，初步形成了多方利益相关者协同治理机制。2017年浙江省实施《绿色农业行动计划》，通过加强养殖主体、种植主体、农业废弃物利用与处理主体、社会化服务组织之间的循环对接，建立政府推动、主体运行、财政补贴、监督管理有机结合的链接机制。从消费者的诉求和媒体的参与来看，近些年频繁曝光的养猪污染和食品安全问题，激发了社会公众希望养殖主体彻底改变"唯利是图"形象的强烈愿望，《经济日报》《农民日报》"人民网""新华网"等国内媒体更是连续数年对农业环境污染、养猪户、养殖企业环境行为进行了深度报道和评估，进一步说明社会公众等利益相关者对农村环境污染治理的期望在不断提高。此外，从行业组织大力推行"猪-鱼模式"和"猪-沼-X（菜、果）模式"等农业废弃物循环利用模式，以及专业化组织、高校和科研院所推广畜牧业环保治理实用技术、促进养猪企业实现清洁生产、加快畜牧业绿色转型发展的活动中我们也不难发现，我国养猪业环境污染治理已经受到了政府、社会公众等利益相关者的高度重视。

3. 养猪户环境行为是养猪业绿色高质量发展的必然选择

"十四五"规划纲要明确了我国农业绿色发展的思路、布局和主要任务，提出了去污（农业生产过程的清洁化）、提质（产地绿色化和产品优化）、增效（农业高质量发展）等一系列实现农业绿色高质量发展目标的重大举措。农户作为农业生产主要经营主体，不仅是农业绿色生产的管理者和影响者，更是农业绿色生产的决策者和先行者。因此，农户生产方式的绿色转型对推动农业绿色高质量发展至为重要。养猪业作为特殊的农业产业，其生产过程不仅资源消耗大，而且污染排放多，对环境的影响贯穿生猪养殖全过程。养猪户环境行为是在生产全过程（产前、产中、产后）自觉进行减量化、再利用、低污染生产的一种经营行为（张郁和齐振宏，2016），养猪户环境行为不仅追求效益最大化或成本最小化，还包括以节约资源、减少排污、提高品质为目标，通过科学的管理和先进的技术来实现猪场的科学选址布局、治污设施建设、安全用药、防控疫病和废弃物循环利用等，实现养殖生产各个环节的污染控制，从而达到生态效益和经济效益的和谐统一。养猪户环境行为对改善农村生态环境、促进猪肉食品安全和促进养猪业绿色发展都具有重大的现实意义。因此，养猪户环境行为是养猪业绿色发展的必然选择。

（二）理论背景

1. 环境行为理论对传统农户行为理论的修正与超越

传统的农户行为理论包括理性行为理论和计划行为理论。理性行为理论认为农户像任何资本主义企业家一样，都是"经济人"，其生产要素的配置行为也要符合帕累托最优原则。美国著名经济学家舒尔茨和波普金是持该观点的典型代表，他们认为农户是理性的"经济人"，他们会根据自己的偏好和价值观评估，做出他们认为能够实现自己利益最大化的行为选择（翁贞林，2008；郑龙章，2009）。因此，舒尔茨和波普金早期拒绝承认农户在遵纪守法、实现自身利益最大化之外的环境行为动机，因为农户的环境行为会增加农户的成本，无疑会损害农户自身的利益。在理性行为理论的基础上，美国著名学者阿耶兹引入了心理决策变量来研究个体和组织的经济行为，提出了计划行为理论（Theory of Planned Behavior，TPB），该理论认为个体或组织的行为受到态度、主观规范和感知行为控制等心理因素变量的影响（Ajzen，1985）。

不难看出，传统的农户行为理论主要从农户自身视角探寻农户环境行为的影响因素和动机。但人的行为是在错综复杂的环境中，由内外部多种因素综合作用的结果（彭天杰，1987；许琴等，2010）。显然，传统的农户行为理论在研究农户环境行为时存在一定的缺陷。环境行为理论修正了农户理性行为理论，该理论认为个体行为不仅要关注个人自身的利益，还要考虑节约资源、减少排污、提高品质等目标（Hines 等，1986）。个体的环境行为不仅受到心理决策变量的影响，还受到个体的经济条件、社会压力和文化传统等外部因素的影响，在研究视角上不再侧重于心理决策变量，更加重视外部因素的影响作用（Stern 和 Oskamp，1987）。国内也有学者考虑生态环境因素，对农民行为理性和非理性问题进行研究，从外部性角度提出农民追求利益最大化的理性行为对生态环境来说未必是理性的观点（江永红和马中，2008）。作者认为这种修正也可以在当代中国"生态文明建设""绿色发展"等思路中得到诠释。

2. 关于农户环境意识与环境行为之间关系的研究结论仍待论证

近年来，随着学术界对农户环境行为的研究不断深入，关于农户环境行为的动力机制和实施条件的争议也不断出现。部分学者将农户环境行为的动机归因于收益感知、风险感知、责任意识、环境态度等心理因素对农户环境行为的驱动作用，重点探讨农户环境意识对农户环境行为的影响机制。有研究者发现，农户环境意识可以通过政府规制、社会规范等情景因素的中介效应影响农户环境行为（张郁等，2015a，黄炜红等，2016a）。但以上对于农户实施环境行为的解释也受到了部分学者的质疑。例如，国内有学者认为农户环境意识与农户受教育情况有关，农户具有较强的环境意识不一定能导致有利于环境保护的行为（周锦和孙杭生，2009）。西方学者的研究结果也表明，环境意识与环境行为之间的关系存在着明显的落差和不一致（Hines，1986；Eckes 和 Six，1994）。还有学者认为，只有在对环境行为的要求较低、环境行为所需成本较低的情景中，环境意识对环境行为的影响才会显著，如果环境行为所需要的成本越高，环境意识作用下产生的有利于环境的行为也相应地越少（Diekmann 和 Preisendorfer，1992）。国内学者实证研究结果也表明，农户环境认知对环境行为决策的影响存在较大的差异性和不一致性（王常伟和顾海英，2012）。特别是我国欠发达地区农户，农户环境行为，如响应国家为保护生态环境提出的政策的行为、精耕细作保持土壤肥力的行为、优化环境废弃物不随便处理行为，不全是环境意识驱动下的决策行为（谭荣，2012）。不难发现，不同学者的研究结论存在较大差异。因此，在绿色发展背景下，农户环境意识与农户环境行为之间的内在机制需要研究者从新的视角来理解农户环境行为动力机制。

3. 新制度理论在农村环境污染治理研究中的地位越发凸显

随着制度分析受到越来越多学者的关注和重视，学者们普遍认为制度因素不仅是农户环境行为的环境条件，还是影响农户环境行为选择的重要影响因素。在理论研究方面，国外学者普遍认为完善的制度设计和良好的制度环境是农业污染防治的关键，系统性的环境制度建设与政策工具创新，有效约束了农户和利益相关者的环境行为（Bruckmeier 和 Teherani，1992；Bager 和 Proost，1997；Picazo-Tadeo 和 Reig-Martinez，2007；Chen 等，2017）。国内学者郑风田将新制度理论引入农户行为理论研究中，提出了小农经济的制度理性假说（郑风田，2000）。在此基础上，宾幕容（2015）基于新制度经济学的理论框架，从制度层面剖析了我国畜禽养殖污染的成因。在实证研究方面，不仅有学者将制度变量作为控制变量、调节变量和中介变量来进行研究，甚至有学者开始将制度因素作为自变量来加以研究。如陈卫平（2018）结合我国农业绿色转型背景，将农户感知的制度压力划分为政府规制性压力（Regulative）、社会规范性压力（Normative）和邻里效仿性压力（Cognitive）三种形式，并实证检验了三种制度压力对提升农户环境行为意愿的作用机理。部分学者基于认知—情景—行为的分析框架，验证了制度情景在农户心理认知与环境行为之间的中介作用（Lucas，2014；张郁等，2015b；黄炜红，2016a；夏佳奇等，2019）；也有学者将政府环境规制因素作为自变量，研究了惩罚性规制和激励性规制对生猪养殖户安全生产决策行为的影响机制（Michel-Guillou 和 Moser，2006；王海涛和王凯，2012a）。还有学者通过实证研究，验证了社会风气、面子文化、群体压力以及声誉诉求等非正式制度对农户环境行为的影响机制（郭利京和赵瑾，2014a；徐志刚等，2016；李芬妮等，2019）。本书将新制度理论引入农户环境行为研究中，进一步放宽计划行为理论和环境行为理论关于农户外部环境是一致和稳定的理论假设，有助于从场域层次的认知、规范、管制等社会制度环境视角来探讨农户环境行为的影响机制。

通过研究背景的分析，我们发现基于单一理论的研究视角尽管为研究农户环境行为提供了诸多有价值的见解，但仍然无法全面解释促进农户环境行为演化的外部机制是什么？促使农户环境行为实施的内部机制是什么？这些外部和内部的机制影响农户环境行为的内在路径又是怎样的？因此，本书整合环境行为理论、外部性理论和新制度理论，围绕四组问题，（1）绿色发展制度压力是不是农户环境行为的触发因素？哪些制度因素对农户环境行为具有显著的影响作用？（2）绿色发展制度压力能否提高农户环境行为的意识？具体的影响机制是怎样的？（3）农户环境意识对农户环境行为的影响程度如何？它们在绿色发展制度压力与农户环境行为之间充当了什么样的角色？（4）绿色发展制度压力对农户环境行为的影响机制在不同农户群体间是否存在差异？社会人口统计变量是否会对上述作用机理产生影响？从个体层面、组织层面和制度层面，深入探讨农户环境行为的影响机制，尝试打开绿色发展制度压力、农户环境意识和农户环境行为之间相互影响的"黑箱"。

二、研究目的与意义

（一）研究目的

本书总目标是以养猪户在养殖过程中产生的畜禽废弃物环境污染和猪肉质量安全问题为出发点，通过融合环境行为理论、外部性理论和制度理论，探讨绿色发展制度压力对养猪户环境行为的影响机制。从国家宏观层面探讨政府规制压力、社会规范压力和邻里效仿压力下养猪户环境行为驱动机理、演化机制和影响机制；从微观方面揭示绿色发展制度压力、环境意识和养猪户环境行为之间的内在影响机制。为推动我国养猪业绿色发展的政策制定和养殖户环境行为选择提供理论支撑。

具体而言，本书研究目的主要包括以下三个方面。

一是通过规范案例研究方法，识别外部绿色发展制度压力的来源和类型，从构念层面构建养猪户（场）感知的外部绿色发展制度性压力、环境意识对养猪户环境行为影响的预设关系模型，以初步论证本书构思的合理性。

二是融合环境行为理论、外部性理论和新制度理论，分层解析外部不同制度压力和内部环境意识驱动对养猪户环境行为的驱动机理，并运用演化博弈理论揭示不同类型的制度压力对养猪户环境行为演化的影响机制，从理论上诠释"制度压力→环境行为""制度压力→环境认知（意识）→环境行为"两种关系的内在作用机理，构建本书理论关系模型。

三是基于实证调查，运用 SPSS、AMOS 等统计分析软件，检验本书提出的理论关系模型，揭示出不同类型绿色发展制度压力与养猪户环境行为之间的内在关联机制，以及养猪户环境意识在绿色发展制度压力与环境行为之间的作用机理。

（二）研究意义

如何破解养殖业环境污染和食品安全问题，实现养殖业转型升级和绿色发展，一直是理论界探讨的焦点。随着我国养猪业的规模化、集约化、产业化和绿色化发展，养猪户将成为养殖业新型养殖主体。本书以养猪户（场）为研究对象，从制度层面、组织层面和农户个体层面揭示绿色发展制度压力对养猪户环境行为的影响机制，对促进我国养猪业绿色转型发展具有重要的理论意义和现实意义。

1. 理论意义

（1）丰富和扩展了环境行为理论和新制度理论的应用情景和理论内涵。本书将环境行为理论和新制度理论引入农户环境行为的研究中，特别是将"绿色发展"嵌入"制度环境"中，放宽了"农户外部环境是一致和稳定"的理论假设，构建了绿色发展制度压力对农户环境行为影响的分析框架；从制度层面、组织层面和个体层面多层面、多维度、多视角探讨农户环境行为的影响机制，深化了以往孤立研究制度压力不同维度对农户环境行为的影响，是对当下环境行为理论和新制度理论运用情景和理论内涵在广度上的有效扩展。

（2）揭开了绿色发展制度压力、环境意识和农户环境行为之间相互影响的黑箱。本书在相关理论基础上，运用探索性案例研究方法，识别了农户环境行为内外部驱动因素，分层解析外部绿色发展制度压力和内部农户环境意识对农户环境行为的驱动、演化和扩散机理；运用实证研究方法检验了"制度压力→农户环境行为""制度压力→农户环境认知（意识）→农户环境行为"两种关系的内在作用机理，是对系统揭示制度压力影响农户环境行为内在机制这一类研究在深度上的有益补充。

（3）进一步完善了养猪户环境行为的评价指标体系。养猪户环境行为是一项系统工程，已有学者运用农户行为理论来构建养猪户环境行为评价指标体系，但不能系统、全面地对养猪户环境行为进行综合评价。本书借鉴绿色供应链和系统工程的思想，从生猪养殖的源头污染预防、过程质量控制和末端废弃物治理三个阶段来全面、系统界定养猪户的环境行为，构建了养猪户环境行为的测评指标体系。

2. 实践意义

（1）对推进养殖方式的创新与变革、推动养殖业绿色发展具有重要现实意义。养猪业带来的环境污染问题和猪肉质量安全问题已经严重影响了养猪业可持续发展，急需绿色转型发展。本书提出的环境行为模式正是养殖业在面对不断变化的市场以及日益恶化的环境问题时提出的一种全新的组织模式。它充分利用了绿色供应链纵向运作的高效性和结构灵活性以及"农牧一体化"横向运作的共生互补性等特点，在确保猪肉产品质量安全的同时，实现了养殖废弃物的循环再利用，最大限度地减少了养殖废弃物的排放。这对改善农村生态环境、促进猪肉食品安全和养猪业绿色发展，都具有重要的实践价值。

（2）对完善政府规制和行业规范、推动养殖户环境行为模式演化具有指导意义。本书运用探索式案例研究方法和演化博弈模型，综合探讨政府监管机制和奖惩机制、社会群体的监督机制和养猪户利益驱动机制对养猪户环境行为的演化影响，从宏观方面揭示养猪户环境行为模式的演化路径，从微观方面进一步揭示不同绿色发展制度压力对养猪户环境行为演化影响机制，为政府部门、行业组织制定相关政策提供了依据。

（3）对引导相关利益主体参与治理、构建多方协同治理机制具有重要的借鉴意义。本书运用探索式案例研究方法和实证研究方法，识别了养猪户感知的外部绿色发展制度压力来源与类型；从内外部协同治理视角，系统揭示政府规制压力、社会规范压力、邻里效仿压力及其交互（协同和冲突）对养猪户环境行为的影响机制，以及不同绿色发展制度压力、环境意识与养猪户环境行为的关联机制。为政府和行业组织引导养猪业相关利益主体和农户之间的分工和协作，构建政府、社会公众和农户三方协同治理机制具有重要借鉴意义。

三、国内外研究动态与述评

（一）养猪户环境行为内涵界定研究综述

通过梳理国内外文献，我们发现，学者们对养猪户环境行为内涵界定大多隐含在各自的理论研究视角之中。

1. 基于环境行为理论视角，学者们认为农户环境行为是一种基于个人责任感和价值观的有意识行为。Hsu 和 Roth（1998）指出环境行为是指公众为保护或者改善环境而采取的一系列负责任的行动，强调公众主动参与、付诸行动来解决和防范生态环境。Vogel（1996），Bayard 和 Jolly（2007）认为农户环境行为是农户在农业生产过程中采取减量化、再利用、低污染的农业经营模式。张郁等（2015b）结合养猪业的产业特点，认为粪污无害化处理设施的建立、粪污的资源化利用是生猪养殖过程中最重要的两项具体环境行为。虽然国内外学者对农户环境行为的定义不一样，但环境行为的内涵界定基本一致，都强调通过公众主动参与来解决和防范生态环境问题，目的在于避免或者解决环境问题，回答养猪户环境行为是什么的问题。

2. 基于绿色供应链理论视角，学者们认为农户环境行为是一种全流程治理行为。绿色供应链理论认为，环境行为是一项系统工程，是个体或组织在供应链各个环节中综合考虑环境影响和资源利用效率的现代化管理模式（Srivastava，2007）。国内学者何开伦和彭铁（2011）认为生猪绿色供应链管理模式是指养猪户在仔猪和饲料供应、生猪养殖、生猪屠宰加工等环节对产生的病死猪、粪污、废水废物进行无害化处理或利用的行为模式。左志平等（2016a）认为绿色养殖模式是养猪户（场）或养猪企业，在生产经营活动中始终保持与环境和谐相容的养殖模式。应瑞瑶等（2014），张郁等（2015a），邬兰娅等（2017a）基于纵向协作视角认为农户环境行为包括源头污染预防行为、过程质量控制行为和末端废物治理行为。不难看出，基于绿色供应链理论视角，学者们回答了养猪户环境行为具体表现形式和内容是什么的问题。

3. 基于循环经济理论视角，学者们认为农户环境行为是一种生态经济行为。Yuan 等（2006）认为循环经济实现了资源的有效利用和经济与生态的可持续发展。冉春艳（2009）认为养猪业循环经济应该要遵循低投入原则、资源化原则、无害化原则和高效性原则。李文华等（2010）认为养殖户环境行为强调了农业废弃物资源化、能源化，多层次、循环综合利用，实现了经济效益和环境效益的统一。可见，学者们基于循环经济理论视角，从操作层面回答了农户环境行为怎么有效实施的问题。

已有的研究在界定养猪户环境行为内涵、具体形式和内容、行为绩效方面基本达成共识：在内涵方面，养猪户环境行为是一种减量化、再利用、低污染的农业经营模式；在具体内容和形式方面，养猪户环境行为是全流程治理行为，包括养猪业生产的产前、产中、产后全过程；在环境行为绩效方面，养猪户环境行为实现了农业废弃物资源化、能源化，多层次、循环综合利用，实现经济效益和环境效益的统一。本书将在此基础上，系统构建养猪户环境行为评价指标体系，并通过实证分析，进一步测评养猪户环境行为实施情况。

（二）养猪户环境行为影响因素研究综述

关于养猪户环境行为影响因素研究，早期学者们更加强调外部因素的影响，近期学者们认识到内部因素对养猪户环境行为的影响作用。为了更加全面揭示养猪户环境行为的影响因素，本书从制度、组织和个体三个层面来区分养猪户环境行为的影响因素。

1. 制度层面影响因素

学者们主要是以新制度理论和利益相关者理论为基础，研究不同类型的制度压力对养殖户环境行为的影响。Hanley 等（1999），Stoate 等（2009）认为政府颁布的法律、法规等正式制度有效引导、约束、协调了个人的观念和环境行为。但 Pred（1983）认为社会规范、道德诉求、社会风气等非正式制度对农户行为具有重要影响作用。国内学者王海涛（2012b），邬小撑等（2013）通过实证研究指出，政府规制中的违禁药物监督检查、防疫规制水平和检验检疫力度和组织的培训对生猪养殖户源头预防决策行为具有正向影响。张郁等（2015a），左志平等（2016b）研究结果说明，政府生态补贴政策对引导规模养殖户实施末端治理行为具有显著影响。孙世民和彭玉珊（2012），周洁红等（2012），周应恒和吴丽芬（2012）研究表明，行业规范、农户与上下游环节的契约关系有效约束了农户环境行为。郭利京和赵瑾（2014a），赵瑾和郭利京（2017）从社会发展和文化差异两方面论述了描述约束、主观约束、个人约束和禁令约束等非正式制度对我国农业生产过程中农户亲环境行为的适用性。

2. 组织层面影响因素

学者们主要运用资源基础理论考察了农户拥有的资源、能力和技术对其环境行为的影响。De Souza Filho（1999），Dercon 和 Christiaensen（2011）认为养殖户劳动力资源、家庭规模、土地资源会影响其农业新技术采用行为。Wozniak 和 Gregory（2009）研究表明饲养规模对养殖户的新技术采纳行为具有显著的促进作用。国内学者石智雷和杨云彦（2012）研究表明，农户家庭资源禀赋作为家庭成员及整个家庭所拥有的资源和能力，对于个人行为的选择和决策具有显著的影响。在此基础上，张郁等（2015b）通过实证研究，检验了养猪户社会资本禀赋对农户环境行为具有显著的影响。张方圆等（2013）、虞慧怡等（2016）认为社会网络能够增加农户的信息获取渠道，能够提高农户环境政策的认知，从而增强其环境行为的参与意愿。

3. 个体层面影响因素

个体层面的影响因素分析，学者们主要是以计划行为理论和环境行为理论为基础，分析养殖户环境意识、养殖户环境意向（包括态度、主观规范和行为控制感）等心理决策变量对养殖户环境行为的影响。国内外学者主要运用计划行为理论揭示公众环保意识、态度等心理因素以及收入、家庭类型等人口特征对环境行为的影响机制（Hines 等，1986；Stern 等，1999；Bang 和 Ellinger，2000；Stern 等，2000；Gaterslenen 等，2002；Borges 等，2015）。Cary 和 Wilkinson（1997）运用实证研究揭示了农户可感知的盈利能力对其环境行为的影响机制，研究结果表明感知到的盈利能力是影响农户使用保护措施的最重要因素。Valeeva（2011）实证研究结果也表明，农户感知风险和风险管理策略的采用有效防止生猪养殖动物疾病的传播。国内部分学者基于计划行为理论分析框架，揭示了养猪户的畜禽污染认知对畜禽粪便无害化处理行为影响机制（张晖等，2011；何如海等，2013；潘丹和孔凡斌，2015；邬兰娅等，2017）。Lucas（2014），郭利京和赵瑾（2014b）运用环境行为理论识别了农户心理认知、行为成本对农户废弃物处理这一亲环境行为的影响机制。李诗荣（2016）通过实证研究识别了养猪户的环境意识对养猪户防疫行为意愿具有显著影响作用。孔凡斌（2016）通过实证研究检验了环境保护政策认知对规模化养殖户畜禽养殖废弃物处理方式的选择具有显著影响；而环境影响认知、人体健康影响认知对养殖户畜禽养殖废弃物处理方式选择的影响并不显著。

不难发现，现有的实证研究从个体层面和组织层面探讨养猪户环境行为的影响机制，其背后隐含有"养猪户所面对的制度环境是同质的，在治理机制、技术服务功能以及行业规范等方面是没有差异的"这一理论假设，但是在大样本跨区域的实证研究中，这一隐含假设与实际情况显然是不相符的。现有实证研究所得到的结论忽略了外部制度环境及其功能对养猪户生产行为的影响，而这些被忽略的因素恰恰是影响养猪户生产行为的重要变量。因此，本书在现有研究成果基础上，将外部制度压力作为自变量，深入探讨绿色发展制度压力对养猪户环境行为的影响机制。

（三）治理机制演进与养猪户环境行为关系研究综述

通过文献梳理，我们发现养猪户环境治理机制研究经历了一个不断演变的过程。国内外学者先后从市场主导治理机制、政府主导治理机制和协同治理机制三个方面展开相关研究。

1. 市场主导治理机制与农户环境行为

以市场为主导的治理机制主要强调绿色技术创新、资源配置机制和发挥市场价格机制对养殖户环境行为的影响。国内外学者普遍认为创新生物发酵床技术、雨污分离技术、粪污处理技术对治理畜禽污染物发挥了重要作用（Turner 等，2000；Morrison 等，2007；严小东等，2014）。周力（2011）研究表明，引导畜禽养殖业从分散的农户养殖转向适度规模化养殖发展，有效促进了畜禽养殖技术进步和环境污染治理。Mary 等（2005），虞讳等（2012）认为环境行为能否带来直接的经济效益是养猪户实施环保投入的根本原因，随着养猪户饲养规模的扩大，产生的规模经济能够降低单位产品的环保投资成本，养猪户环境行为的动力会增强（闵继胜和周力，2014）。Meuwissen 等（2003），沙鸣等（2011），左志平等（2017）研究表明绿色猪肉一方面是满足消费者对绿色环保猪肉产品的需要，另一方面能给消费者带来实质性的收益（减少环境污染），养猪户对猪肉产品溢价和品牌信誉的追求会加强与上下游环节的生态合作。

2. 政府主导治理机制与农户环境行为

以政府为主导的治理机制主要从环境法规、标准对养殖户的约束，技术推广、养殖补贴对养殖户的激励两个方面展开研究。Griffin 和 Bromley（1982），Shortles 等（2001）研究表明，政府采取奖惩措施，都能有效控制养殖污染物的排放。国内学者仇焕广等（2012）研究发现，相较于引导养殖户减少畜禽粪便污染的改善环境计划，政府强制性的规章制度效果更加明显；冯淑怡等（2013），潘丹和孔凡斌（2015）实证研究表明，经济激励和政策约束是养猪户环境行为选择的重要影响因素；张郁等（2015a）研究表明生态补偿政策对养猪户环境友好行为具有显著促进作用。黄炜虹等（2017）实证研究表明，沼气池建设补贴政策和废弃物资源化补贴政策对农户生态循环农业行为有促进作用。吴林海等（2017），Wu 等（2017）实证研究表明，补贴与赔偿型政策、设施与技术服务政策、监管与处罚型政策对养猪户病死猪处理行为的影响效应各不相同，其中监管与处罚型政策的影响效应最明显。

3. 协同治理机制与农户环境行为

协同治理机制强调政府、市场和社会公众参与在治理养殖业环境面源污染和提高畜禽产品质量方面的作用。孔德斌（2014），邬兰娅等（2017c），唐步龙和张前前（2017）针对我国养猪业环境污染呈现出的特点，指出政府与养猪户之间存在信息不对称问题，只有政府和养殖户的"二元"环境治理结构是不稳定的，要想实现监管的有效性和及时性，就必须重视猪场周围农户作为利益攸关方所能发挥的决定性作用。在此基础上，谢康（2014），李鹏等（2015），何可等（2015），费威（2015），左志平等（2016c）提出了政府、养猪户（场）、农户协同治理框架，并分析了信息交流机制和利益分配机制对协同治理框架的影响。袁平和朱立志（2015）认为，有效的农业污染环境规制能够规制利益相关者行为，并提出了"综合防控"思想下的关键制度和机制建设来规制利益相关者行为。乔娟和刘增金（2015），舒畅等（2017）基于纵向协作视角，探讨了生猪产业链上不同相关利益主体环境合作对病死猪无害化处理、畜禽养殖废弃物资源化等环境行为的影响机制。因此，从政府、社会公众、农户自身多方协同视角研究农户环境行为的影响机制将是未来研究的重点方向。

（四）制度压力、环境意识与养猪户环境行为关系研究综述

目前关于制度压力与养猪户环境行为关系研究，学者们主要探讨了政府惩罚性规制、激励性规制以及社会规范对养猪户环境行为的影响机制。西方学者 Hanley 等（1999），Henry 等（2000），Stoate 等（2009），Zheng 等（2013）认为，良好的制度环境是农业污染防治关键，环境制

度建设与政策工具创新，有效约束了养殖户和各级政府等利益相关者的环境行为。Baumol 和 Oates（1988）认为不同的环境规制政策对促进环境主体环境友好型行为的采纳及环境绩效改善具有显著的影响作用。随着中国农业污染问题日益严重，国内学者关于环境规制政策对农户环境行为的影响机制的研究也越来越多。王海涛和王凯（2012a）通过实证研究发现，政府惩罚性规制、激励性规制和服务性规制对养猪户安全生产决策行为的影响也有差异，其中惩罚性规制和激励性规制对养猪户安全生产决策行为的影响显著，而服务性规制对养猪户安全生产决策行为影响并不显著。张郁等（2015b）基于湖北省 248 个专业养猪户的调查数据，分析了政府的生态补偿政策对养猪户家庭资源禀赋与养猪户粪污无害化处理行为之间关系的调节作用。郭利京和赵瑾（2014a），赵瑾和郭利京（2017）实证研究表明，不同制度的交互效应对农户环境行为具有显著的影响。邬兰娅等（2017b）通过对养猪户的实证调查研究发现，制度因素中养猪户参与技术培训次数、生态补贴力度对养猪户粪污无害化处理行为具有显著正向影响，而社会规范压力对养猪户粪污无害化处理行为具有显著的负向影响。

关于制度压力与养猪户环境意识关系的研究，国内外学者主要围绕政府立法、行业规范等制度压力对提升农户环境意识的作用机理展开探讨。Oenema（2004）认为政府的环境立法，有助于提高公众的食品安全、动物福利意识；张董敏等（2015）认为，环境意识在一定程度上反映出养猪户对政府规制、社会规范的解读能力；黄炜虹等（2017）实证研究表明，焚烧秸秆惩罚政策和废弃物资源化补贴政策对农户从事生态循环农业的意愿具有积极影响。朱哲毅等（2016），潘丹（2017）的实证研究还表明，农户收入水平差异、饲养规模差异对畜禽污染治理政策的接受意愿均存在明显的异质性。徐志刚等（2016），王火根和李娜（2017）实证研究表明，社会规范压力越高，农户违反社会准则的成本就越高，农户遵守社会规范、自我约束污染物废弃行为意识也会越高。

关于环境意识与养猪户环境行为关系的研究，国内外学者主要围绕环境意识与环境行为之间关系的一致性展开了激烈讨论。Vogel（1996）、Mccann 等（1997）实证研究表明，农户环境意识对环境行为具有显著正向影响。而 Hines 等（1986）、Scott 和 Willits（1994）的实证研究表明环境意识对环境行为的影响非常有限，远没有人们想象中的那么紧密，二者之间存在着明显的不一致。王建明（2013）通过实证研究发现，人们虽然对生态问题较为关注，持有较为积极的环境意识，但是并不能有效落实到环境行为上，主要是因为环境意识与环境行为关系受到内部和外部情境因素的调节作用。刘雪芬等（2013）、赵丽平等（2015）通过实证研究，揭示了农户环境行为认知及其行为的不一致性问题，认为农户饲养规模、受教育程度、年龄、性别以及主要收入来源等变量对农户环境意识及其行为决策影响存在差异，在一定程度上解释了这种不一致性。唐素云（2015）通过实证研究，探讨了养猪户环境风险感知对环境行为的影响机制，结果表明，养猪户对环境污染、环境政策和环境治理的风险感知水平有明显差异。黄炜红等（2016a）通过实证研究，检验了社区环境（社区公共服务、社区环境政策执行）在农户环境意识与环境友好行为之间的调节作用。

目前关于制度压力与养猪户环境行为、环境意识与环境行为之间关系的实证研究结论仍不甚明了，有可能是因为忽视了外部制度环境对养猪户环境行为的影响，因为根据计划行为理论和认知行为理论的解释，人的行为不仅受到个体心理决策变量的影响，而且受到外部制度环境、文化传统等因素的影响。因此，深入探讨绿色发展制度环境下养猪户环境行为影响机制具有重要的理论意义和现实意义。

（五）国内外研究动态简要评述

1. 研究视角评述

一是现有的文献分别运用计划行为理论、环境行为理论、资源基础理论和新制度理论来解释养猪户环境行为影响机制，而整合相关理论研究，从外部制度压力、环境意识和养猪户环境行为三者之间的关系进行探讨的文献很少，特别是系统揭示外部绿色发展制度压力对养猪户环境行为的影响机制，有待进一步深入分析；二是现有研究大多关注非正式制度对养猪户环境行为的影响机制，而较少关注正式制度对养猪户环境行为的影响机制，更不用说同时关注不同绿色发展制度情景交互对养猪户环境行为的影响；三是现有研究很少同时关注养猪户环境收益意识和风险意识在制度压力与养猪户环境行为之间的调节效应和中介效应。

2. 研究内容评述

一是现有研究大多只考察了外部制度因素对养猪户环境行为的直接影响，很少关注不同制度因素之间交互效应对养猪户环境行为的影响；二是现有研究大多以某一方面的环境行为为研究对象进行研究，评价其环境行为的实施情况，很少从纵向协作视角系统、全面考察养猪户源头污染预防行为、过程质量控制行为和末端废弃物治理行为。因此，目前在绿色转型发展背景下，关于制度压力与养猪户环境行为之间内在机理仍不甚明了；三是现有实证研究试图建立"认知→情景→行为"的逻辑，很少有文献将制度情景作为自变量，考察其对养猪户环境行为的影响机制，以及在养猪户环境收益和环境风险意识两者之间的调节效应和中介效应。

3. 研究方法评述

一是现有研究大多采用理论研究和数量模型研究方法，来揭示养猪户环境行为的影响机制。研究方法比较单一，大多采用 Logistic 模型、Probit 模型、Topsis 模型、Dematel 方法、EDA 模型、HACCP 体系来研究不同影响因素对养猪户环境行为的影响。二是现有研究模型很多都没有考虑农户人口统计变量等控制变量的调节作用，因而有可能导致研究结论不具有普遍性。

因此，本书将从以下三个方面开展相关研究：

第一，融合新制度理论、环境行为理论和外部性理论，从制度、组织和个体层面来探讨养猪户环境行为的影响机制，拓展现有理论的运用范围。如环境行为理论，该理论既不像外部性理论强调农户内部利益因素的影响，也不像新制度理论那样强调外部制度因素的影响，本书综合考虑了绿色发展背景下的制度因素、组织因素和个体因素对养猪户环境行为的影响，而且体现了"绿色发展"与"环境行为"的系统动力学思想，更加接近养猪业环境行为真实情境。

第二，深入探讨不同影响因素之间的交互对养猪户环境行为的影响以及环境意识在制度因素与环境行为之间的中介或调节作用，深入揭示养猪户环境行为触发机制。一方面探讨制度、组织和农户个体不同层次之间的交互对养猪户环境行为的影响，如探讨绿色发展制度压力不同维度与不同环境意识的交互对养猪户环境行为的影响；另一方面探讨同一层次影响因素交互对养猪户环境行为的影响机制，如政府规制压力与社会规范压力交互、政府规制压力与邻里效仿压力交互、社会规范压力与邻里效仿压力交互对养猪户环境行为的影响机制。

第三，进一步揭示绿色发展制度压力与养猪户环境行为之间的内在逻辑。跳出"环境意识→环境意向→环境行为"的传统逻辑，将制度因素作为自变量，运用实证研究方法检验了"制度压力→环境行为""制度压力→环境意识→环境行为"两种关系的内在作用机理。

四、研究内容、技术路线与方法

（一）研究内容

本书将在文献回顾和文献综述的基础上，构建绿色发展制度压力与养猪户环境行为关系的分析框架，通过探索性案例分析、演化博弈分析与实证调查等方法，系统梳理绿色发展制度压力、环境意识和养猪户环境行为之间的内在机制和影响关系。具体分为8章，研究内容如下。

第1章，绪论。首先详细概述本书的现实背景、理论背景，引出本书的问题；然后对国内外有关农户环境行为内涵澄清与理论演进、农户环境污染治理机制、农户环境行为影响因素以及制度压力与农户环境行为关系的文献进行梳理、归纳和评述，确定本书要研究的具体内容；最后对本书的技术路线、研究方法和可能的创新点进行了介绍，厘清本书的思想脉络。

第2章，相关概念与理论基础。以本书提出的核心问题为导向，先对关键概念进行界定，主要包括规模养猪和养猪户、养猪户环境行为、环境意识和绿色发展制度压力；然后对相关的理论基础进行阐述，包括生态农业理论、环境行为理论、认知行为理论、新制度理论和外部性理论，为本书提供理论支撑。

第3章，绿色发展制度压力影响养猪户环境行为的探索式案例研究。选择浙江省和湖北省2家不同规模的规模养猪场（户），采用规范的案例研究方法，通过半结构化访谈，搜集养猪户场（户）的相关资料，探索养猪户感知的绿色发展制度压力来源和类型，找到绿色发展制度压力、环境意识与养猪户环境行为之间的关系证据。提出构念层面关系模型，以初步论证本书构想的合理性。

第4章，绿色发展制度压力对养猪户环境行为的影响机制研究。首先，在探索式案例分析基础上，识别养猪户环境行为的内外部驱动因素，揭示绿色转型发展背景下，养猪户环境行为驱动路径；然后运用演化博弈模型，探讨绿色发展制度压力对养猪户环境行为演化扩散的影响机制，揭示养猪户环境行为演化的路径和条件，深入剖析三种绿色发展制度压力对养猪户环境行为演化的影响机制；最后提出本书的研究框架，为实证研究提供理论基础。

第5章，绿色发展制度压力对养猪户环境意识的影响机制实证研究。在第3章和第4章的基础上，运用实证研究方法检验绿色发展制度压力不同维度对养猪户环境意识的影响机制，以及农户人口统计学变量在绿色发展制度压力与养猪户环境意识之间的作用机理。

第6章，绿色发展制度压力对养猪户环境行为的影响机制实证研究。遵循本书提出的理论研究框架，进一步检验不同绿色发展制度压力对养猪户环境行为的影响机制，检验绿色发展制度压力不同维度交互效应对养猪户环境行为的影响机制。

第7章，养猪户环境意识中介作用检验。整合第5章和第6章实证研究结论，形成绿色发展制度压力、环境意识与养猪户环境行为的整合研究框架。运用结构方程模型从构念层面全模型检验绿色发展制度压力对养猪户环境行为的作用机理；从维度层面，检验不同绿色发展制度压力、不同环境意识与不同环境行为之间的作用机理以及环境意识及其不同维度在绿色发展制度压力与环境行为之间的中介作用。

第8章，主要研究结论与研究展望。在总结上述研究内容的基础上，得出本书的主要结论，提出相应的政策建议，指出本书存在的不足和进行未来展望。

（二）研究技术路线

本书按照提出问题、分析问题和解决问题的总体思路，系统研究绿色发展制度环境、养猪户环境意识、养猪户环境行为之间的影响机理、作用机制、可行路径和政策建议。

研究的总体框架与思路如图1-1所示。

（三）研究方法

本书采用的研究方法主要有文献研究法、案例研究法、社会调查法、演化博弈分析方法和大样本实证研究方法。

1. 文献研究法

按照关键性、时效性、逻辑性原则，梳理国内外养猪户环境行为和畜禽污染治理的相关文献，跟踪养猪户环境行为的研究脉络。文献收集时，主要运用中国知网、万方数据库、Glgoo 和 EBASCO 等文献搜索平台，通过关键字搜索的方式，收集到了大量有价值文献。通过对文献深入分析，厘清了养猪户环境行为的研究脉络。通过对文献研究内容的反复思考，结合现实问题，提出本书所要解决的科学问题。

2. 社会调查法

根据客观性、深入性、代表性原则，选取不同地区养猪户（场）进行实地调研访谈，以获取养猪户环境行为影响因素的微观数据资料。本书选取浙江省龙游县、兰溪市，湖北省松滋市、枝江市这两个生猪养殖大省的四个典型县（市）为调查区域，对养猪户的个体基本情况、环境行为影响因素、环境行为变量（源头预防行为、过程控制行为和

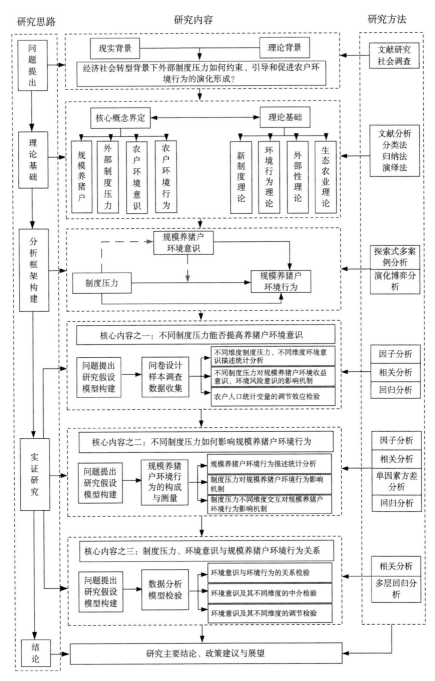

图 1-1　本书技术路线图

末端治理行为）情况进行随机抽样调查，获得本书所需的微观数据。

3. 探索式案例分析法

采用深度访谈、数据收集、数据编码与分析等方法，识别养猪户感知的外部绿色发展制度压力和内部驱动因素，建构外部绿色发展制度压力和内部驱动因素对养猪户环境行为影响的预设关系模型。本书选取了浙江省和湖北省两家标准化养猪示范场进行探索式案例分析，基本思路如下：首先通过现场观察、非结构式访谈、网络资源搜集等方法来收集原始资料。其次对原始资料进行开放式编码和归类，识别出初始概念，并将其分为条目和子条目。再次对条目和子条目进行比对分析，找到条目与主题之间的关系证据。最后在数据编码、数据评估的基础上，对条目进行对比分析，归纳出不同变量之间的逻辑关系，构建预设关系模型。

4. 演化博弈分析方法

本书运用演化博弈模型剖析三种不同的绿色发展制度压力对养猪户环境行为演化的影响机制，揭示养猪户环境行为演化的路径，进而从维度层面确定研究框架。

本书运用演化博弈分析方法的基本思路是：一是确定不同制度主体环境压力（主要包括政府、社会公众、周围农户三类群体）与养猪户群体实施环境行为之间的复制动态方程 $\dfrac{\mathrm{d}x_k}{\mathrm{d}t} = [u(k, s) - u(s, s)]x_k$，$k = (1, 2, 3, \cdots, K)$，式中 s 表示不同制度主体与养猪户两类不同群体所有的策略集合，x_k 为其中某一群体采取策略 k 的概率，$u(k, s)$ 表示采取策略 k 的损益，$u(s, s)$ 表示平均损益。二是根据复制动态方程 $\dfrac{\mathrm{d}x_k}{\mathrm{d}t} = 0$，求出复制动态方程的所有平衡点。三是根据雅可比矩阵的局部稳定性，分析不同制度主体与养猪户环境行为演化平衡的局部稳定性。四是根据局部稳定性的平衡点稳定性，确定不同制度主体与养猪户群体环境行为演化稳定策略。五是分析复制动态过程的演化方向，确定不同制度主体与养猪户群体环境行为之间相互演化的路径。

5. 大样本实证研究方法

一是主成分分析和验证性因子分析。运用 SPSS19.0 软件，采用主成分分析方法对外部绿色发展制度压力量表、养猪户环境意识量表的结构维度进行探索。具体思路是：首先运用主成分分析方法对绿色发展制度压力量表、养猪户环境意识量表进行因子抽取；然后计算因子载荷和累积贡献率，辨别所提取的因子聚合效度。运用 AMOS 软件，对绿色发展制度压力量表、养猪户环境意识量表的结构信效度进一步进行验证。具体思路是：首先对绿色发展制度压力量表、养猪户环境意识量表进行一阶验证性因子分析，通过比较 x^2/自由度的比值、绝对适配指标GFI 和 AGFI、基准线比较适配统计量 NFI、IFI 和 CFI、渐进残差均方平方根 RMSEA 来判断模型的拟合优度。然后对养猪户环境意识因子进行二阶验证性因子分析。由于本书中关于养猪户环境意识的相关假设是在构念层面作出的，养猪户环境意识是一个潜因子型的构念，作为一个整体概念是环境收益意识和环境风险意识两个一阶因子背后的二阶因子。因此需要在养猪户环境意识潜变量两个维度的基础上进一步考察高阶的潜在变量，同样通过相关拟合度指标来判断模型的拟合优度。

二是多元线性回归分析方法。本书主要采用 Baron and Kenny（1986）多元线性回归方法来检验绿色发展制度压力对养猪户环境意识的影响，绿色发展制度压力对养猪户环境行为的影响，以检验本书提出的相关假设。多元线性回归模型的基本形式为：$Y = \alpha + \alpha_1 X_{1i} + \alpha_2 X_{2i} + \alpha_3 X_3 i + \cdots + \alpha_n X_{ni} + \mu_i$，其中，$Y$ 为因变量，X_{1i}，X_{2i}，$\cdots$，X_{ni} 为自变量，n 为自变量的个数，$\alpha_n (n = 1, 2, \cdots, n)$ 是 X_{1i}，X_{2i}，$\cdots$，X_{ni} 自变量的回归系数，α 为常数项，μ_m 为误差项。

三是多层回归分析方法。本书主要运用多层回归分析方法检验养猪户环境意识在绿色发展制度压力与养猪户环境行为之间的调节作用。多层回归模型的基本形式为：$Z = \alpha + \alpha_1 X + \alpha_2 Y_i + \alpha_3 X Y_1 + \alpha_4 X Y_2 + \cdots + \alpha_n X Y_i + \mu_m$，其中，$X$ 代表自变量外部绿色发展制度压力，Y_i 为调节变量养猪户环境意识，交互项 $X Y_i$ 代表调节变量 Y_i 对自变量 X 与因变量 Z 之间关系的调节效应。

五、研究创新点

本书可能有以下三点创新：

一是突破了计划行为理论和理性行为理论视角的研究范式和仅从农户自身出发的原子主义观点。基于新制度主义理论视角，构建了农户环境行为理论的分析框架，研究视角具有一定开拓性。关于农户环境行为的影响机制的研究，现有的文献一直遵循"认知（意识）→意愿→行为"和"认知（意识）→情景→行为"的逻辑关系的论证思路，本书从新制度理论视角出发，将养猪户环境行为内嵌于绿色发展制度环境，提出绿色发展制度压力是养猪户环境行为的内在驱动力的新论断；有助于从场域层次的认知、规范、管制等社会制度环境视角来探讨农户环境行为的影响机制。

二是系统构建并实证检验了"制度压力→农户环境行为""制度压力→农户环境意识→农户环境行为"两种分析模型，实现了外部制度因素、内部环境认知因素在农户环境行为影响因素中的融合分析，为权变分析外部环境与农户环境行为的关系提供了新思路。为了系统探讨养猪户环境行为的影响因素，特别是中国社会经济绿色转型时期，外部绿色发展制度压力对养猪户环境行为的影响机制，本书拓宽了以往"因素→行为"单一研究思路，构建了"制度压力→农户环境行为""制度压力→农户环境意识→农户环境行为"两种分析模型，实证检验了农户环境收益意识和农户环境风险意识在绿色发展制度压力与农户环境行为之间的作用机理。

三是扩宽了学术界仅限于以某一项具体的农户环境行为的单一指标评价，运用系统工程思想，从源头预防、过程控制和末端治理三个维度系统、全面、综合评价了农户环境行为的具体过程和内容，研究内容具有一定的新颖性。环境行为是一个系统工程。为了全面、系统评价农户环境行为的具体过程和内容，本书突破了传统的研究多集中于源头预防或过程控制或末端治理某一项具体的环境行为的单一指标评价。本书基于纵向协作视角，从源头预防、过程控制和末端治理三个维度揭示了养猪户环境行为的过程和内容。采用复合型的指标构建了养猪户环境行为评价指标体系，丰富了农户环境行为的研究内容，研究内容具有一定的新颖性。

六、本章小结

本书的绪论部分首先从现实和已有研究出发，阐述了当前我国养猪业环境污染、食品安全等问题日益突出的现实背景，并在此基础上提出了本书的研究目的和研究意义；其次，系统梳理学术界已有相关研究内容，评析已有研究的贡献和不足；再次，分别介绍本书研究的具体内容、各个章节内容的安排、本书所用的关键研究方法以及技术路线图等；最后，指出本书可能的创新之处。本章作为全书的开始，是整个研究的引子，为后文内容的展开奠定了基础。

第二章　概念界定与理论基础

上一章阐述了研究背景、研究内容、研究目的、研究的意义，指出了本书的可能创新点。本章旨在界定相关概念，阐释相关研究理论。首先，界定规模养猪与规模养猪户、养猪户环境行为、绿色发展制度压力、环境意识等关键概念；其次，系统梳理本书研究的理论基础，重点阐明不同理论对研究农户环境行为的影响机制具有的启示作用和指导意义。

一、概念界定

（一）规模养猪与规模养猪户

关于规模养猪的概念，有很多学者和文献按照其性质不同进行了划分和界定。吴买生（2009）认为规模养猪是养猪业发展到一定阶段的产物，规模养猪需要以一定的场地、资金、技术和管理为基础。他按照生产任务的不同，将规模养猪场划分为种猪繁殖场、商品仔猪繁殖场、肉猪饲养场和自繁自养场四种。魏便娥和张志鹏（2012）将规模养猪定义为农户实行标准化养殖取得较高经济效益的一种生产方式。根据相关学者对规模养猪的界定，本书认为规模养猪是指养猪企业或专业户为满足市场需要，以获得规模经济效益为目的的生产经营方式。

关于规模养猪范围的界定，目前国内还没有统一的标准。在《中国畜牧业统计年鉴》中，生猪饲养规模划分为四类：1~49头为散户、50~499头为小规模、50~9999头为中等规模，10000头以上为大规模。

2009 年出版的《中国畜牧杂志》也对规模养猪进行了界定：50 头以下为散养，50～99 头为小规模，100～500 头为中小规模，501～1000 头为中等规模，1000 头以上为大规模。闵继胜（2014）在研究合作组织对养殖户碳排放的影响中，考虑到中规模和大规模养猪户（场）在沼气建设补贴标准方面的一致性，将中大规模进行了合并，界定了饲养规模达到 226 头及以上的养猪户为中大养猪户。本书根据研究需要，借鉴闵继胜和周力（2014）研究成果，将规模养猪户界定为饲养规模在 226 头以上的养猪户（场）。

本书认为规模养猪户和普通农户一样，在主观上追求经济行为的完全理性，但在现实中由于存在生产经营分散、市场信息难以有效迅速传递、疫情风险难以预测等因素，规模养猪户无法实现其经济行为的理性最大化，同时养猪户行为决策还受其自身能力、资源禀赋以及复杂的心理决策机制的影响，养猪户只能在有限程度内实现有限理性；同时本书认为规模养猪户作为农业生产的基本单元，不仅具有追求收入和利润最大化的动机，同时还有许多非经济目标，如生活的安定与保障、家庭的荣誉与地位等。因此，规模养猪户的经营目标除了收入最大化以外，还包含让自己良心安稳、赢得尊重等方面的心理目标。

（二）养猪户环境行为

根据 Hines 关于环境行为的定义，农户环境行为实质上是农户根据相关利益主体的环保需求，在生产经营活动全过程始终保持与环境和谐相容的一种环境友好行为（Hines 等，1986；左志平等，2016a）。养猪户作为特定的农户群体，其环境行为是指具备一定规模的养猪户（场）或养猪企业，根据相关利益主体（如政府、专业合作组织、社会公众、消费者等）的环保需求，在生猪生产经营活动全过程始终保持与环境和谐相容的运营行为。具体来讲，包括养猪户的源头预防行为（如猪场科学选址、治污设施建设）、过程控制行为（如兽药规范使用、严格的卫生防疫管理）和末端治理行为（如废弃物能源化、资源化处理、病死猪无害化处理）。养猪户环境行为实现了农户、社会、环境效益的协调优化。

与传统经营方式相比，养猪户环境行为在目标、内容、过程和结果四方面具有不同特征。（1）目标的"二元性"。养猪户环境行为同时兼顾养殖户的经济目标和环保目标。从产业链视角来看，养猪户通过与上下游环节在源头污染预防、过程质量控制和末端废弃物治理全过程开展环境合作，确保了生猪猪肉质量和畜禽废弃物的治理。（2）内容的复杂性。养猪户环境行为贯穿从投入品采购到生猪养殖、生猪屠宰、绿色猪肉销售的全过程，涉及环节多、涵盖内容广、影响因素多，是一个复杂的运营系统。（3）过程的动态性。养猪户环境行为的演化和形成并非一蹴而就，而是一个循序渐进、不断改善、从低级形态向高级形态逐步演进的动态过程。（4）结果具有"双重正外部性"。与传统经验方式相比，养猪户环境行为不仅履行自身的环境责任，还给出了提升环保绩效以履行环境责任的行为方式。其结果一方面是满足消费者对绿色环保猪肉产品的需要（减少污染），另一方面能给消费者带来实质性的收益，提高了猪肉产品的溢价（提高经济效益）。

（三）绿色发展制度压力

关于绿色发展的内涵，不同学者基于不同的研究视角进行了界定。刘纯彬（2009）认为，绿色发展是指以生态文明建设为主导，以循环经济为基础，以绿色管理为保障，发展模式向可持续发展转变，实现资源节约、环境友好、生态平衡，人、自然、社会和谐发展。罗必良（2018）认为农业绿色发展是落实乡村振兴战略的必然要求，是农业供给侧结构性改革的主攻方向，农业绿色发展的关键是推行生产方式和生活方式的技术转型，促进农业农村发展由过度依赖资源消耗、主要满足数量需求，向追求绿色生态可持续、更注重满足质量需求转变。十八大以来，中央和地方政府先后出台了一系列激励有效、约束有力的绿色发展制度，很大程度上调动了养猪户绿色发展的积极性。根据相关学者对绿色发展的界定，本书认为绿色发展是指以"绿色"思想为引导，立足于当前经济社会发展情况和资源环境承受能力，通过改变生产方式、生活方式和思维方式，最终实现经济发展、社会和谐、资源节约、环境友好的科学发展模式。

新制度主义学派普遍认为，个体受到了外部环境规制、社会规范和共同信仰的形塑（Scott，1995；Yiu 和 Makino，2002）。这种促使个体的形态、结构或行为同形的环境规制、社会观念、行业规则、技术规范称为制度压力，也称作制度环境。Scott（2001）提出的制度压力主要包括规制压力、规范压力和模仿压力，其中规制压力主要指法律法规、政府政策的强制性规定；规范压力主要指社会道德约束、行业规范和行为准则；模仿压力则来自于组织或个体形成共享行为、共同认知、参照框架或被认可的行为模板对其他组织或其他个体的影响。

本书借鉴 Scott（1995），Yiu 和 Makino（2002）关于制度压力的界定，结合农业绿色发展的内涵，将绿色发展制度压力定义为"为了克服养猪业环境的外部不经济性，不同利益相关主体以绿色发展理念为指导，为保障养猪户绿色生产、绿色运营而制定的一系列关于法律、法规、规则、标准、程序和行为的道德伦理规范总和"。具体表现为政府规制压力、社会规范压力和邻里效仿压力三种形式。

（四）环境意识

环境意识（Environmental Awareness）作为一种思想和观念，涵盖的内涵十分广泛，而且具有多元性的特点。从哲学的角度看，环境意识是环境认识与环境行动的统一（杨朝飞，1992）；从文化的角度看，环境意识是环境文化的核心和基础（姚炎祥，1996）；从价值观角度看，环境意识是对大自然价值及与自然有关的人类行为的价值的认识（郇庆治，1996）；从心理学的角度看，环境意识是个体对环境问题的心理觉悟（晓伟，1994）。综合学者们的观点，王民（2000）认为环境意识是一个综合性的概念，它是多层次、全方位地反映人与环境关系的内容体系。

借鉴王民（2000）等学者关于环境意识的界定，本书认为养猪户环境意识是养猪户对人与环境之间关系的主观反映，反映了养猪户对农业生态环境问题的认识能力和认知水平。同时，借鉴 Gadenne 等（2009）关于环境意识的定义，将养猪户环境意识分为环境收益意识和环境风险意识。

二、理论基础

农户环境行为的研究涉及社会心理学、经济学、管理学、生态学等学科领域的知识。因此，本书主要将环境行为理论、新制度理论、经济外部性理论和生态农业理论引入对农户环境行为的分析框架中，用以解释养猪户环境行为影响机制背后的逻辑。

（一）环境行为理论

环境行为（Environmental Behavior）是一种基于个人责任感和价值观的有意识行为，目的在于能够避免或者解决环境问题（Hines 等，1986）。Stern（2000）从"影响"和"意识"两个维度来界定"环境行为"，认为"影响"导向的定义强调人的行为对环境产生何种影响；"意识"导向的定义强调行为者是否具有环保的动机。环境行为的研究涉及环境心理学、环境管理和环境社会学等多个学科领域，并尝试建立新的人与环境的关系模式和社会价值观范式。从现有的理论文献来看，对环境行为的研究主要包括社会心理学和环境教育学两个学科的典型的研究范式。

1. 基于社会心理学的环境行为研究范式

该研究范式主要是以理性行为理论（TRA）和计划行为理论（TPB）为基础。TRA 假设个体都是理性的，能完全控制自己的行为，且个体在采取某种行为时都会考虑行为实施的损益。TRA 主要遵循态度–行为意向–行为的关系逻辑（Ajzen，1975）。TPB 在 TRA 的基础上，增加了"感知行为控制"这一变量，认为感知行为控制也是个体行为意向的重要影响因素（Ajzen，1986）。感知行为控制指对控制因素的认识以及感知促进因素，即个体在实施某种特定行为时，根据过去的经验对该行为的完成所感知到的难易度，以及根据自身条件、外界资源、机会等对该行为的完成所感知到的促进作用。当个体感知到的行为实施难度较高或较低时，相应地就会促进或阻碍行为的实施。当个体感知到的外界资源和环境有利于行为实施时，其行为意向越强烈，就越倾向于实施该行为。TRA 和 TPB 提出后，广泛地运用于管理学和社会学的环境行为研究领域之中。在此基础上，Stern 和 Oskamp（1987）进一步识别和解释环境行为的影响机制，提出了环境行为理论。Guagnano 等（1995）在环境行为理论的基础上，通过研究废品循环利用行为提出了态度-情境-行为理论，又叫 A-B-C 理论。该理论将环境行为内嵌于社会环境中，强调社会结构、经济条件和社会制度等外部情境对环境行为的影响作用。A-B-C 理论的主要贡献在于验证了外部情境因素对态度-行为关系的调节作用，当外部情境因素有利且态度积极时，会促进环境行为的发生；当外部情境因素不利且态度消极时，会阻碍环境行为的发生；当外部情境因素影响中立时，环境态度对行为的影响作用最强。

2. 基于环境教育学的环境行为研究范式

该研究范式主要是以 Hungerford 等于 1985 年建立的环境素养模型（Environmental Literacy Mode，简称 ELM 模型）为理论基础。ELM 模型主要包括认知、态度和个性三个维度，其中认知维度包括生态认知、环境认知和环境策略认知 3 个变量；态度维度包括态度、价值观、信念和环境敏感度 4 个变量；个性维度主要包括控制观 1 个变量。在此基础上，Hines 等（1986）提出了"负责任的环境行为模型"，认为环境行为受到行为意向的影响，而行为意向又受到环境策略认知和环境认知的影响，其中，个性变量包括态度、控制观和个人责任感等。"负责任的环境行为模型"不仅强调了个性变量对环境行为的影响，还认为个体的经济条件、社会压力和实践机遇等外部因素也对个体行为有重要影响（孙岩和武春友，2007）。"负责任的环境行为模型"仍旧侧重于认知类变量的研究，但情境变量的提出与关注为后来学者对非认知类变量的研究奠定了基础。

3. 环境行为理论为研究农户环境行为影响机制提供的借鉴和指导

一是有助于理解和界定农户环境行为的内涵。根据环境行为理论的解释，农户环境行为是一系列负责任的行为，是基于个人价值观的有意识行为（Stern，2000；郭利京和赵瑾，2014b），目的在于避免或者解决环境问题。二是有助于识别农户环境行为的影响因素。农户环境行为是一系列内外部因素相互影响、相互作用的结果。外部因素主要包括政府规制压力、社会规范压力和相关利益主体的环保需求；内部因素主要包括农户环境收益意识、环境风险意识、环境价值观、环境控制观、环境道德感等变量以及人口社会学统计变量。三是有助于理解和揭示农户环境行为的影响机制。农户环境行为涉及的主体众多，农户环境行为可以看作是这些利益相关主体相互影响、相互作用的结果。当然，识别农户环境行为的压力因素、动力因素、制约因素，以及这些因素之间如何相互影响，是否存在交互影响，以及如何影响、影响程度又如何，都需要进行大样本实证检验与分析。

（二）新制度理论

新制度理论主要围绕制度的内涵、制度的测量、制度的变迁等一系列问题展开激烈讨论。

1. 制度的含义

关于制度的含义，新制度经济学派代表人物 North（1990）将制度定义为一系列关于规则、程序和行为的道德伦理规范总和，这套规范的主要用途是用来约束追求利益最大化的理性人的行为。Scott（1995）认为个体或组织普遍受到了外部环境的环境规制、社会规范和共同信仰的形塑（Scott，1995；Yiu 等，2002）。这种促使个体形态、结构或行为同形的环境规制、社会观念、行业规范统称为制度压力，也被称作制度环境。外部的制度条件对个体或组织的影响既可能是有意识的法律强制机制，也可能是无意识的被社会看来是理所应当的社会规范。国内学者卢现祥（1996）认为，制度构成的基本要素是非正式制度、正式制度和制度实施机构，制度为社会提供了一系列规则。

2. 制度类型和测量

DiMaggio 和 Powell（1983）提出了制度同形性的三种基本形式：一是规制性制度，主要来源于其所依靠的其他组织以及社会文化期望施加的正式或非正式压力。这种压力可以是强力、说服或邀请共谋。二是规范性制度，主要源自于职业化，即大学创造的认知基础上的正规教育与合法化，以及跨越组织并且新模型可以迅速传播的职业网络的发展与深化。三是认知性制度，在组织技术难以理解、目标模糊时，或者当环境产生象征性不确定性时，可以通过模仿其他组织的形式来塑造自己。Scott（2001）基于现有的研究成果，整合相关概念和论点，提出了制度的"三大支柱框架"（如表 2-1 所示）。值得注意的是，Scott（2001）提出的三大支柱框架中的影响机制维度，正是 DiMaggio 和 Walter（1983）提出的三种制度趋同的扩散模式，Scott（2001）在其基础上进行了扩展并明确了其理论根源。

表 2-1 制度的三大支柱框架

制度形式	规制	规范	文化认知
遵从基础	权宜	社会义务	理所当然、共识
秩序基础	强制性规则	约束性期望	从众心理
影响机制	规制	规范	模仿（效仿）
逻辑	工具性	恰当性	正统性
测量指标	法规、法律、处罚	道德、准则	共同信仰和行为

3. 制度变迁过程

新制度理论认为制度变迁不是泛指制度的任何一种变化，而是特指一种效率更高的制度替代原有的制度。制度变迁的动力来源于作为制度变迁的主体——"经济人"的"成本-收益"计算，因此采用成本收益分析和均衡分析方法可以解释制度变迁的动因。我国著名学者卢现祥（1996）指出，制度变迁是指一种效率更高的制度替代原有的制度，动力来源于制度变迁的主体"成本-收益"比较。Coase（1992）将制度变迁过程划分为自下而上的诱导性制度变迁和自上而下的强制性制度变迁两种形式。Oliver Williamson（1999）充分整合相关学者制度分析的成果，将制度变迁过程划分为社会嵌入、制度环境、治理制度和资源配置和使用四个相互关联的层次。其中社会嵌入主要是指非正式的制度（如地方风俗、道德习惯、传统文化等），社会嵌入的演化是自发性和长期性的，代表了制度层次的最高层次；制度环境主要包括法律和产权等正式的制度；治理制度具体包括市场、混合形式和科层三种经济制度，主要代表制度操作层面；资源配置和使用这一层次将市场纳入制度的范畴，这一层次制度变迁时间具有连续性和短期性。

4. 新制度理论为研究农户环境行为影响机制提供的借鉴和指导

一是有助于理解不同类型制度因素对农户环境行为的驱动机理。随着我国畜禽养殖业的迅速发展，其负面效应日益扩大，畜禽养殖污染已成为我国农业污染的主要污染源。根据新制度理论解释，畜禽养殖户的养殖行为是在各种制度的约束或激励下做出的选择；制度同形是影响我国畜禽养殖户环境行为的制度根源，规制压力、规范压力和效仿压力是畜禽养殖户实施环境行为的重要驱动力。二是有助于理解社会经济转型背景下畜禽养殖环境污染的成因。根据新制度理论关于制度变迁过程的解释，现阶段相关环境政策在制定与执行上存在脱节现象，是导致畜禽养殖污染的根本原因。在制度环境层面，近年来出台的相关政策在制订与执行上存在与环境政策脱节的现象，且执行效力不高，导致了畜禽养殖业的污染防治与环境管理意识比较薄弱；在制度安排层面，畜禽养殖组织化程度偏低和种养分离、农牧脱节的趋势均不利于养殖污染的防治；在资源配置和使用层面，劳动力的稀缺使种地者为降低劳动成本而用化肥取代畜禽粪肥，畜禽废弃物失去了传统的功能，畜禽养殖户的有限理性，使其环境行为偏离理性，养殖废弃物随意排放加大了对环境的污染。三是有助于理解农户环境行为演化扩散条件和路径。目前我国畜禽养殖污染防控存在着制度建设缓慢滞后、被动性显著等特点，往往是某类型畜禽养殖污染问题突出时才出台相应规制措施。在2000年之前我国基本没有出台直接针对畜禽养殖污染防控的行政法规和部门规章，现有的规制内容还存在规制条文分散、缺乏系统性等问题，规制工具也较单一，基本是强制性制度。但是随着我国畜禽养殖业环境治理制度的不断完善，以及社会公众、行业组织、周围农户等相关利益主体对畜禽污染和食品质量安全的期望不断提升，我国养猪业环境污染问题也将随着制度的变迁而得以解决，特别是社会规范和邻里效仿趋同行为，将影响养殖户对环境友好型畜禽废弃物处理方式的选择，促进环境行为的演化。但是在养猪业绿色发展背景下，养猪户感知的不同绿色发展制度压力之间是否存在交互影响，以及这些构念或维度如何影响农户环境行为也都需要进行大样本实证检验与分析。

（三）认知行为理论

认知行为理论（Cognition and Behavior Theory）是由美国行为主义创始人 Watson 和 Sheth 在整合行为主义理论和认知理论的基础上提出来的。该理论认为要改变人的行为，首先要改变人的认知，强调外部环境对个体认知以及行为的影响。该理论为解释人的行为决策过程以及认知活动在行为决策过程中的作用提供了理论支持，近年来在心理学、教育学、环境学和社会学等学科领域得到了广泛应用。

1. 认知行为决策模式

人的行为决策模式是行为认知理论的基础。Watson 将个体复杂的行为分解为外部刺激和行为反应，提出了著名的"刺激–反应"公式（Watson，1958）。Watson 认为人的行为是在不同刺激源作用下产生的一种反应，这种反应往往与人的内部状态无关。很多学者从这个角度建立了自己的行为决策模式，如 Sheth 认为人的行为决策是一种内在的心理活动过程，像一只"黑箱"，是一个不可捉摸的东西，外部的刺激经过黑箱（心理活动过程）产生反应引起行为，只有通过行为的研究才能了解心理活动过程。在此基础上，国内学者张丽莉（2010）提出了人的行为扩展模型，她认为人的行为决策取决于内在需要和周围环境的相互作用，人的行为模式是外界环境因素与内在心理因素共同作用下的一种外在表现，如图 2-1 所示。

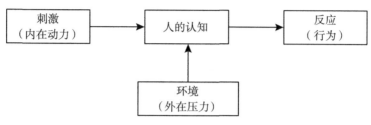

图 2-1　人的行为决策模式

2. 心理认知过程在人的行为决策中的作用机理

在人的行为决策模式中，认知过程起到了重要作用。著名心理学家 Hirst 认为，人的行为决策过程是个体在认知心理的作用下，对外在环境因素进行分析的过程（Hirst，1988）。Chemtob 认为在人的行为决策过程中，个体先对收集到的信息进行甄别、筛选形成认知，进而根据认知结果指导决策行为（Chemtob 等，1988）。国内学者王冀宁和牛亚丽认为，由于人的有限理性，不同个体认知能力、认知思维和认知行为存在差异性（王冀宁，2007；牛亚丽，2014a）。牛亚丽（2014a）通过对农户"农超对接"认知影响因素的实证分析发现，信息获取是影响农户"农超对接"认知的关键因素，信息获取渠道数量越多，农户"农超对接"模式的认知水平也越高，而且人口统计变量和政策因素对其影响存在显著差异。环境认知对个体行为决策的作用机理如图 2-2 所示。

3. 认知行为理论为研究农户环境行为影响机制提供的借鉴和指导

一是解释了养猪户环境行为决策机理。养猪户的行为决策是个体行为决策中的一种，适用于人的行为决策模式。根据认知行为理论的逻辑，养猪户环境行为决策过程是养猪户根据外部环境压力、内部环境行为收益及猪肉质量安全风险等信息的不同认知而进行的行为决策。二是揭示了养猪户环境意识在外部制度压力与环境行为之间的中介作用。根据认知对行为的作用机理，在养猪户生产养殖过程中，政府的环境规制、社会规范、农户效仿效应能够以直接或间接的方式向养猪户传递与

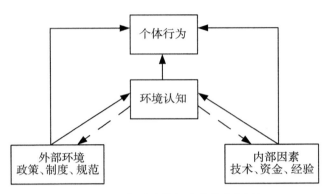

图 2-2 环境认知对个体行为决策的作用机理

环境污染、环境保护相关的知识和信息，增强养猪户的环境问题认知水平，提高养猪户的环境意识，进而促进了养猪户环境行为的选择。三是揭示了人口统计变量在外部制度压力与环境行为之间的调节作用。由于人的有限理性，不同个体认知能力、认知思维和认知行为存在差异性，因此，不同特征的养猪户对政府规制、社会规范的解读存在差异，最终可能会影响到农户行为的选择。

（四）外部性理论

最早提出外部性概念的是剑桥大学的马歇尔，马歇尔认为企业生产规模扩大源于所在产业的整体普遍发展，而企业生产规模扩大需要依靠内部组织管理水平的提高（Marshall，1920），马歇尔对外部性问题的抽象和概括，为外部性理论的产生提供了思想源泉（罗士俐，2009）。

1. 外部性理论的内涵

20 世纪 20 年代马歇尔的学生庇古（Pigon）在其所著的《福利经济学》中进一步研究和完善了外部性理论，并提出了"外部不经济"的概念，他将马歇尔的研究进行了深层次扩展。在此基础上，庇古进一步研究了企业自身的行为对企业外部环境的影响。庇古认为，如果在边际私人净产值之外，其他人还得到利益，那么，边际社会净产值就大于边际私人净产值，这时就会产生"正外部性"；如果其他人受到损失，那么，边际社会净产值就小于边际私人净产值，这时就会产生"负外部性"。当出现"负外部性"时，社会资源没有实现最优配置，就会出现"市场失灵"，此时可以依靠政府征税或补贴等措施，纠"正外部性"，实现社会资源配置的最优（郭晓，2012）。

2. 环境外部性内部化机制

庇古进一步解释了政府征税或补贴等经济手段如何实现"外部效应的内部化"问题。庇古认为，当政府税收和补贴等外部成本进入生产者或消费者的决策行为中时，将改变生产者或消费者的生产决策函数，此时外部成本由生产者和消费者自己承担，实现私人成本和社会成本、私人收益与社会收益一致。具体来说，当存在"负外部性"时，政府应该对边际私人收益大于边际社会收益的个人或组织实施征税；当存在"正外部性"时，政府可以对边际私人收益小于边际社会收益的部门实行奖励和补贴。

3. 外部性理论为农户环境行为影响机制提供的借鉴和指导

一是有助于从成本收益角度理解农户畜禽污染形成的内在原因。根据外部性理论的假设，养猪业环境外部不经济性是导致养猪业环境污染形成的直接原因。当养猪户只顾生产而不考虑畜禽废弃物对环境的污染，就会对生活在周围的居民产生影响（付出代价）。即使养猪户考虑畜禽废弃物对环境的污染，但由于治理成本较高，往往没有动力去承担治污成本。

二是有助于理解政府激励政策对农户环境行为影响机制。根据庇古的解释，在绿色发展的背景下，要系统解决畜禽养殖环境污染问题，政府可以采用组合式环境政策，一方面通过处罚机制来约束养猪户破坏生态环境的"负外部性行为"，另一方面采取激励机制来弥补环境行为产生的外部成本，从而提高养猪户环境行为的积极性。

（五）生态农业理论

"生态农业"（Ecological Agriculture）概念最早是 1971 年由美国土

壤学家 William Albreche 提出的。生态农业是用生态学的理论和方法来研究农业生产，将农业生产系统视为一种类似于自然生态系统的封闭体系。在这个体系中，将农业生产系统的某一个子系统产生的废弃物或者副产品作为另一个子系统的营养物。这样在区域内彼此关联的各个子系统之间可以形成一个相互依存、类似于自然系统食物链过程的"农业生态系统"，通常用"农业共生""种养一体化""养殖产业链""沼气生态农业"来表征农业生态系统中各个环节之间的绿色合作关系。生态农业理论涉及生态、环境、经济、信息技术、系统工程等多学科之间的交叉融合，研究的内容涵盖从微观行为设计、中观的过程强化，再到宏观的系统分析集成和循环经济。

1. 生态农业的内涵

我国对生态农业的关注，最早始于 1982 年叶谦吉教授在宁夏农业生态经济学术研讨会发表的《生态农业——我国农业的一次绿色革命》一文。之后"生态农业"的概念在我国学术界广为引用，经过 30 多年发展，生态农业理论与实践是我国重点研究的领域，是生态学、农业学、经济学和环境学交叉构成的科学和技术的新领域。齐振宏（2015）认为生态农业是根据生态学和经济学原理，应用系统工程方法，将传统农业精耕细作、培肥地力、间套轮作、林粮间作、基塘种养、农牧结合等传统农业技术和现代农业技术相结合，充分利用当地自然和社会资源优势，因地制宜地规划和组织实施综合农业生产体系。黄进勇（2005）、周集体等（2008）认为生态农业坚持整体、协调的原则，强调农、林、水、牧、副、渔统筹规划、协调发展、互相支持、相得益彰，促进农业生态系统物质、能量的多层次利用和良性循环，实现经济、生态和社会效益的统一。

2. 生态农业实践模式

生态农业的实践是以食物链和能量传递金字塔理论为基础，主要通过农业生态系统的内部物质循环和能量转化来建立高效的农业生产体系（黄进勇，2005；周集体等，2008；齐振宏，2015）。生态循环和经济循环是生态农业实践的主要模式。黄贤金和钟太洋（2005），杨桔

（2013）系统总结了生态农业实践的 5 种模式，分别为区域循环模式、能源综合利用模式、生态养殖模式、农业废弃物综合利用模式和绿色有机农业模式。生态农业实践的每一种模式又包含有一些具体实践形式，如：生态养殖模式就包括基于农牧结合的畜禽养殖模式、稻田生态养殖模式、高效集约式养殖模式和健康养殖模式等。

3. 生态农业实践路径和目标

从经济学角度讲，生态农业实践需要有两个基本条件，一是制度创新，二是技术创新。制度创新为生态农业提供发展的动力，技术创新为生态农业提供发展的手段，两者缺一不可。李宗才（2013）认为，制度创新是促进生态农业有序发展的根本保障；王欧和张灿强（2013）认为，相关法律法规为生态农业的发展提供了制度保障；农业补贴政策与环境保护功能紧密结合是生态农业可持续发展的重要支撑。刘纯彬和刘俊威（2010），骆世明（2010）认为，中国现代生态农业的建设要依靠科学技术的发展和应用，生态农业的技术体系是能够支撑生态农业模式顺利运作并达到预期目标的多个单项技术的组合。宣亚南等（2005）认为，生态农业发展的目的是获得生态效益和经济效益的双赢，并提出了两种实现途径：一是通过区域大循环获得规模经济和结构效应；二是通过企业小循环和产业链延长获得经济效率和产业链增值。

4. 生态农业理论与实践对研究农户环境行为的影响机制的借鉴与指导

一是有助于揭示农户环境行为概念的循环再生机理。养殖业生态系统中的生产物资资源是有限的，这些资源（畜禽产品和畜禽废弃物）的循环再生利用是养殖业生态系统长期存在和发展的基本条件。畜禽污染产生的原因是养殖业生态系统中缺少这种内在的物资和产品的循环再生机制，致使养殖业生态系统吸纳了大量畜禽废弃物后，由于技术、资源和能力的有限性和土地吸纳的局限性，导致养殖业生态系统中只有少部分畜禽废弃物被再利用，大部分废弃物排放到环境中。畜禽废弃物再利用程度低是导致环境污染的根本原因。因此，只有改变养殖生态系统中的资源利用方式，将资源利用由直线"链"状变为复合"网"状，通过绿色养殖模式，将畜牧业、种植业等科学合理地连接在一起，进一步优化整合农业资源，使农业生态系统做到能量多级利用，物质良性循环，才能实现生态养殖的环境效益和生态效益。二是有助于理解农户环境行为的持续内生机理。养殖业生态系统是一个自组织系统，在一定的生态阈值范围内，系统具有自我调节、自我发展的机制和功能。养殖业生态系统在人与自然的相互作用下所产生的观念、制度和技术，形成了养殖业生态运营驱动力。其中，养殖废弃物的资源化是实现养殖业生态运营良性循环的关键；绿色养殖技术是养殖业生态发展的关键要素；良好的制度有利于各利益相关主体形成合理的收益预期，诱导其采取制度设计者所期望的行为；设计具有自组织、自管理特征的制度体系，是生态农业保障制度构建的核心问题；培育养猪户生态意识是养殖业生态发展的重中之重。由于规模养猪户是追求利益最大化的"经济人"，因此，政府必须采取激励措施改善规模养猪户环境行为发展的社会支撑条件和自身的资源条件，提高规模养猪户生态养殖业预期。

三、本章小结

本章首先对本书中所涉及的基本概念进行界定，包括规模养猪与养猪户、养猪户环境行为、绿色发展制度压力和环境意识。然后对本书的基础理论进行阐述，包括环境行为理论、新制度理论、认知行为理论、外部性理论和生态农业理论，以引导本书后面章节的研究、分析和推导。

第三章　绿色发展制度压力影响农户环境行为的探索式案例研究

本章以湖北省和浙江省两家规模养猪场（户）为例，进行探索式案例分析，识别出绿色发展制度压力的来源主体，挖掘相关利益主体影响养猪户环境行为的核心机制，以构建连接绿色发展制度压力与养猪户环境行为的预设影响关系模型，为后面章节的实证研究提供核心构念和现实逻辑，更好地发现绿色发展背景下养猪户环境行为的触发因素。

一、问题提出

通过对国内外文献进行梳理，目前关于农户环境行为的研究主要集中在以下两个方面：一是以环境行为理论为依据，探讨农户环境行为的影响因素和动机，强调农户心理认知因素对农户环境行为的影响，往往忽视了外部不同制度因素对农户环境行为的影响，虽然 A-B-C 理论强调了外部制度情景在农户心理认知与农户环境行为之间的调节作用，但也忽视了外部不同制度压力来源主体的形式和内容；二是以新制度理论为基础，从场域层次的认知、规范、管制等社会制度环境的视角来探讨农户行为的影响机制，强调不同制度形式及内容对农户环境行为的影响，但往往忽视了农户环境认知因素在不同制度压力与农户环境行为之间的作用机理。环境行为理论和新制度理论为研究农户环境行为提供了诸多有价值的见解，但是基于单一理论的研究视角无法全面解释本书的核心问题——"绿色转型发展背景下，外部制度压力、内部环境意识与农户环境行为之间的影响机制"。因此迫切需要从新的研究视角揭示外部制度压力、农户环境意识与农户环境行为之间具体的影响机制。鉴于此，本书融合环境行为理论、新制度理论和外部性理论，通过外部制度因素、内部认知因素在农户环境行为影响机制中的融合分析，为研究外部环境压力与农户环境行为的关系提供新思路。

本章通过探索式案例研究识别影响农户环境行为的关键制度主体以及它们影响农户环境行为的制度形式和内容，初步构建连接绿色发展制度主体的环境压力与养猪户环境行为之间的预设关系模型，为实现外部制度因素、内部环境认知因素在养猪户环境行为研究中的融合分析提供实证基础，为下一章运用演化博弈模型进行理论分析提供核心构念，也为大样本实证研究提供理论基础。

二、案例研究方法适用性

案例研究方法是社会科学研究中广泛使用的一种研究方法。迄今为止，这种研究方法已经得到社会学、人类学、教育学、政治学以及公共管理等学科研究者的认可，并且被运用到面向实践特定问题的研究之中（王建云，2013）。案例研究是一种定性研究方法，主要运用归纳的方式，对现象进行探索进而发展或建构理论，是实证分析前非常好的一种研究方式（Yin，2013）。与定量研究方法不同，案例研究具有案例不脱离实际生活环境和资料来源广的特点，强调将不同资料进行汇合在一起进行三角测量（Triangulation）和交叉分析，以揭示研究问题之间的关联性（王建云，2013）。闫春认为案例研究方法需要遵循合理的逻辑，注重情境与研究问题的契合度（闫春，2012）。

根据研究目的、数量和分析层次的不同，案例研究可以划分为单案例、双案例和多案例研究三种类型（Yin，2013；陈晓萍等，2008）。单案例主要是为了确定将要研究的问题或方案的可行性，重视案例演化的过程（Yin，2013）；而多案例主要将情境中的人和事件进行正确描述，通过相互印证与对照找到事情的前后联系和相关关系（Yin，2003；许冠南，2008）。

案例研究需要遵循合理的步骤。Tharenou 等（2007）将案例研究过程分为以下五个步骤：一是提出研究问题。研究问题的来源包括文献阅读、与人交流和个人的观察思考等，研究问题的产生多是个人对某研究的专注热情，并在观察和探索中自然而然提出研究问题。二是数据收集。数据收集是案例研究基础环节，直接关系到后面数据编码的结构效度，本书主要通过现场观察、非结构式访谈、网络资源搜集等多样化渠道来收集原始数据，确保数据结构效度的有效性。三是数据分析。数据分析是案例研究中最重要的一环，本书主要通过对原始资料进行开放式编码和归类，识别出初始概念，并将其分为条目和子条目。四是通过对条目和子条目进行比对分析，找到条目与主题之间的关系证据。五是构建理论。在数据编码、数据评估的基础上，对条目进行对比分析，归纳出不同变量之间的逻辑关系，提出初始研究命题，构建预设关系模型。具体流程如图 3-1 所示。

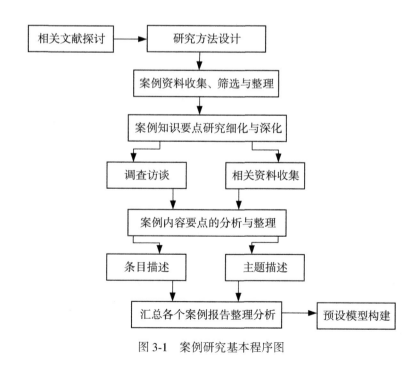

图 3-1　案例研究基本程序图

　　案例研究特别适用于发生在当代，但又无法对环境因素进行解释的情景。本书旨在探索我国农业绿色转型发展背景下外部制度压力对农户环境行为的影响机制。目前相关研究还很缺乏，而且根据我们的实际调查，大多数农户对绿色发展制度压力的感知也不尽相同。因此，本书运用探索式案例研究方法，通过对搜集到的原始资料进行开放式编码和分析，识别出绿色发展制度压力来源主体和内容，构建连接绿色发展制度压力与农户环境行为的预设影响关系模型，为后面章节的演化博弈分析和实证研究提供核心构念和现实逻辑。

三、案例研究设计

（一）案例选择

　　本书通过融合环境行为理论、外部性理论和新制度理论来探讨绿色发展制度压力、养猪户环境意识与养猪户环境行为之间的内在关系，以检验该问题研究的可行性和可能的理论模型。由于单案例缺乏多案例之间的逻辑印证和资料支撑，一般不用来做理论构建式的案例研究。而多案例分析可以通过重复确认和相互比对的方法，增加研究结果的普适性，并形成完整的理论模型（沈奇泰松，2010）。因此，本书选择了多案例探索式研究方法将有助于得出具有说服力的理论关系模型。

　　在具体个案选择的时候本书主要考虑了以下两个方面的因素：一是借鉴刘雪峰（2007）等学者观点，案例选择兼顾信息的可获得性以及行业的代表性。二是借鉴许冠南（2008）的建议、何郁冰和陈劲（2008）的做法，选择的样本分别位于不同区域，其绿色发展制度压力亦具有不同的层次和维度，并在环境行为方面存在相关记录。鉴于此，本书选择了湖北省和浙江省的两家规模养猪场作为研究对象，出于研究伦理考虑，本书对所有规模养猪场进行了匿名处理，分别用猪场 A 和养猪场 B 来表示。

　　（1）猪场 A 概况。猪场 A 位于湖北省武汉市江夏区法泗街道，猪场负责人是当地村委会干部，注册资本 1500 万元。21 世纪初，猪场 A 根据市场行情，不断扩大养猪规模，特别是 2004 年猪场 A 将养殖规模从 5000 头扩大为 20000 头，由于养殖规模扩展过快，没有足够的土地消纳因规模扩大后产生的畜禽粪污，导致畜禽粪污对周边水体、土壤和空气造成了严重的环境污染，猪场 A 一度被地方政府和环保部门责令停产整顿。2005 年湖北省开始启动新农村建设，武汉市环保部门开始加大畜禽养殖污染的整治力度，武汉市环保局也制定了"存栏 10000 头生猪，配套 66.67 公顷土地"的消纳标准。2017 年出台的《湖北省"十三五"节能减排综合工作方案》，强调要规划和调整养殖区域布局，加强分区分类管理；同年的《湖北省畜禽养殖废弃物资源化利用工作方案》，明确全省畜禽养殖要不动摇地坚持产前投入减量、产中资源高效利用和污染防控并举、产后资源再利用的治理路径。为了达到环保部门制定的养殖标准，猪场 A 陆续将紧邻猪场的 13 个村的村民土地进行流转用于消纳畜禽粪污，并通过将养殖过程中产生的畜禽粪便集中回收到自建的沼气池进行发酵处理，生产的沼气用来满足村民的基本生活用气，产生的沼液和沼渣用来灌溉农田和作为蚯蚓养殖基地的养料，最终实现了畜禽废弃物"零排放"。猪场 A 畜禽粪便综合利用情况如图 3-2 所示。由于猪场 A 在畜禽粪便综合利用方面取得了较好的成绩，并在当地产生了较好的示范作用，因此，选择猪场 A 进行案例研究具有较好的代表性。同时，猪场 A 荣获"2016 寻找中国美丽猪场"东部赛区银奖，因此，选择猪场 A 进行案例研究也具有较好的推广性。

（2）猪场 B 概况。猪场 B 位于浙江省衢州市龙游县小南海镇，猪场负责人是当地生猪专业合作社负责人，养猪年限有 15 年。目前猪场 B 的面积有 60 余亩，年出栏生猪 3000 余头，还拥有 1 座饲料加工厂和 1 座沼气处理设施，猪场 B 也获得 ISO9001：2008 质量管理体系认证。2013 年 3 月上海黄浦江水域出现了震惊国内外的"死猪漂浮事件"，经过调查最终确定这些死猪大部分来自浙江省嘉兴地区。受"死猪漂浮事件"影响，2013 年 6 月浙江省在全省范围内启动"三改一拆"（旧

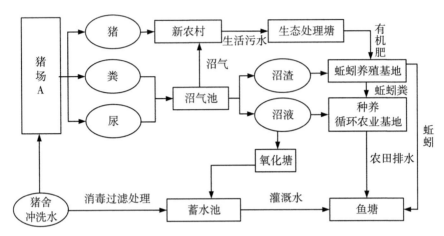

图 3-2 猪场 A 畜禽粪便综合利用示意图

住宅区、旧厂区、城中村改造和拆除违法建筑，简称"三改一拆"）
和生猪养殖业转型发展专项整治行动，2014 年 9 月浙江省衢州市在全
市范围内开展生猪养殖污染专项整治行动。为了配合政府的整治要求，
猪场 B 带头响应，投资 40 余万元，购置工业化污水处理设施用于畜禽
粪污治理，畜禽养殖过程中生产的污水经过 11 格 4 米多深的污水处理
池，污水由浊变清，达到灌溉水要求，猪场 B 还在最后一个池里养起
了鱼，解决了生猪污水排放的难题。为了彻底解决猪场粪污的环境污染
问题，猪场 B 还将养殖过程中产生的畜禽粪便集中回收到自建的沼气
池进行发酵处理，生产的沼气一部分输送给当地的农户用来发电，另一
部分用来满足自己的基本生活用气，产生的沼液和沼渣用来灌溉农田，
实现了畜禽废弃物"零排放"。猪场 B 生态养殖模式不仅产生了良好的
经济效益，也带来了较好的环境效益，为此，2015 年猪场 B 负责人被
浙江省衢州市授予"规模养猪示范户"称号。猪场 B 畜禽粪便综合利
用情况如图 3-3 所示。

（二）数据搜集

本书主要通过深度访谈和利用网络媒体两种途径搜集相关数据资

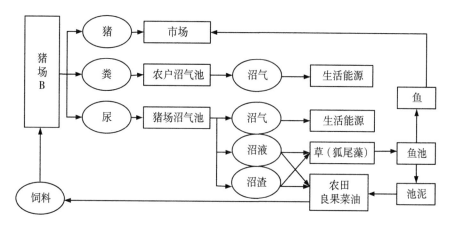

图 3-3　猪场 B 畜禽粪便综合利用示意图

料，不同渠道的数据来源可以保证数据的相互补充和交叉验证，有助于提高案例的效度。

1. 实地调研访谈搜集相关数据

2016—2017 年，课题组成员分别对猪场 A 和猪场 B 负责人和当地政府主管部门的负责人进行了一次半结构化深度访谈形式的实地调研。为了保证整个访谈过程顺利进行，在访谈前，我们请当地村干部做向导，尽量避免了地方方言不懂、交流不畅等问题，我们还在研究问题的现实观察和理论文献回顾的基础上设计了猪场访谈提纲，访谈内容主要围绕两个话题展开：一是请受访猪场负责人介绍一下在绿色发展背景下，其所在的猪场在环境保护和食品质量安全方面具体做了哪些工作，具体包括养猪户对养殖业环境污染和食品安全的认知、养猪户对绿色发展制度压力的感知程度、不同制度主体的制度压力形式和内容、养猪环保投入等 9 个方面的问题；二是请受访猪场负责人介绍一下其所在的猪场实施环境行为驱动性因素有哪些，具体从政府政策、社会公众和消费者期望、行业规范、其他农户的效仿、周围农户监督、媒体参与等方面了解绿色发展制度环境给养猪户带来的压力情况，以及近些年来农户感知的绿色发展制度压力的变化情况（访谈提纲详见附录 A 所示）等方面介绍。访谈过程中，课题组成员进行现场记录和补充提问，访谈结束后当天，课题组成员对访谈记录内容进行了逐字逐句地核对，以确保所收集访谈资料的原始性和准确性。

2. 利用网络媒体多途径搜集相关数据

除通过对猪场 A 和猪场 B 负责人的深度访谈获取养猪户对绿色发展制度压力的感知、养猪户环境意识和环境行为等相关信息以外，课题组还对网上公开资料信息、新闻报道和学术刊物进行了仔细解读和分析，以期获得更全面的数据支撑。利用网络媒体收集到的二手相关数据，也为我们访谈前提供了猪场的背景资料和猪场环境行为实施方面的信息。

（三）数据编码与分析

本节将首先对 2 个案例中所收集的原始资料进行开发式编码和归类，识别初始概念，并将其分为条目和子条目；然后对条目和子条目进行比对分析，并将其归到各个主题。这个过程是一个循环分析过程，直到访谈内容和收集到的相关数据无法提供新的信息关系为止，为深入分析条目与主题之间的关系奠定基础。

1. 数据编码

本书遵循 Yin（2008）提出的编码思路，采取开放式编码形式对 2 家猪场案例的数据进行分析，编码来源及数据分类如表 3-1 所示。

表 3-1　　　　　　　　　　**数据编码与条目提炼**

编码来源	原　始　语　句	初始概念 （子条目）	条目
A1、a1	"环保部门的监管力度越来越大，每年都会集中整治" "去年我们村已经有 1/3 的养猪户被政府取缔了，2/3 的养殖户基本完成了绿色改造"	政府管制	政府规制

编码来源	原 始 语 句	初始概念 （子条目）	条目
a1、a2	"为鼓励我们转变传统养殖方式，政府的生态补偿力度也在增强" "现在猪场每头猪都买了保险，政府还出了大头"	政府激励	政府规制
B1、b1	"每年农技服务部门会组织几场培训，介绍绿色养殖技术，有时我也会参加" "去年我们和区畜牧局一起举办了一场生态循环农业防治农业面源污染现场推进会"	政府服务	
A1、B1	"消费者的环保观念在增强，绿色优质猪肉消费者很青睐" "供应商对我们生产的猪肉有严格的质量标准"	生产标准	社会规范
a1、a2	"将猪粪水直接排入环境，导致周围树木等枯死，严重影响村容村貌，会引起村民不满" "周围农户都不希望再发生猪场污染事件"	道德诉求	
B1、b1	"按照环保法的要求，现在吃水的地方或源头都不能排污，对于污染面较大的排污行为，一般采取群众举报" "农户的环境意识明显增强了"	社会监督	
A1、a1	"我们这养猪企业或大户都应带头履行环境责任" "作为合作社负责人，我更要带头履行环境责任"	示范效应	邻里效仿
B1、b1	"猪沼渔生态养殖模式经济效益好，现在大家都这么做" "沼气生产效益还不错"	效仿效应	
A2、a2b1	"畜禽粪便可以作为鱼饲料" "畜禽粪便可以用来生产沼气和发电" "畜禽粪便处理好也可以作为有机肥来使用"	综合收益	环境收益意识
B2、b2	"目前优质猪肉的市场潜力还是很大的，今后的空间会更大" "优质猪肉的价格比一般猪肉的价格高很多"	市场潜力	

续表

编码来源	原　始　语　句	初始概念 (子条目)	条目
A2、a2	"生猪粪便处理不到位，环境污染会很严重" "病死猪随便丢，肯定会污染水源的"	环境风险	环境风险 意识
A1、a1	"以前我们也会根据自己的经验给猪治疗，随意用药，存在很大安全隐患""绿色养殖需要更多资金投入"	生产风险	
B1、b1	"病猪死直接卖或者自己吃，肯定是危险的""粪便随意堆放，严重的会传播疾病，影响村民的身体健康"	健康风险	

　　具体步骤是：首先编码人员对收集到的相关数据进行阅读、分类、整理和分析，从中提炼出初始概念；然后，在所得到的初始概念中，将无效的、出现频次较低的、聚拢重复的概念进行剔除；最后，梳理提纯初始概念，并对初始概念之间的逻辑关系进行比对分析。在编码过程中，如果编码人员的意见不一致时，要进行充分讨论，例如，当某一位编码成员提出一种观点，遭到其他编码人员的质疑时，要不断进行验证、补充和修正，直到所有编码成员达成一致意见为止。这种基于团队形式的编码不但减少了由于个人偏见和主观性导致的结论片面性，而且保证所获取数据信息的完整性。

　　为了后面的条目提炼和数据分析，在数据编码前，本书还将实地调研访谈过程中收集到的数据进行如下分类。通过深度访谈获得的资料，猪场 A 和猪场 B 分别归于 A1 和 a1 两类（其中 A1、a1 分别包含了 32 个和 21 个与研究主题相关的原始语句）；通过现场观察获得的资料，猪场 A 和猪场 B 分别归于 A2 和 a2 两类（其中 A2、a2 分别包含了 18 个和 23 个相关原始语句）；通过搜集网上报道的资料，猪场 A 和猪场 B 分别归于 B1 和 b1 两类（其中 B1、b1 包含了 37 个和 19 个相关原始语句）；通过专业期刊收集的资料，猪场 A 和猪场 B 分别归于 B2 和 b2 两类（其中 B2、b2 包含了 24 个和 15 个相关原始语句）。

2. 条目描述

通过对原始数据编码和条目提炼，本书共识别出 22 个初始概念（子条目），通过对原始概念（子条目）属性分析，进一步提炼和归类，最终确定了与本书的核心问题相关的初始概念（子条目）共 16 个，对这 16 个子条目再进一步提炼，我们得到 5 个条目分别为：政府规制、社会规范和邻里效仿、环境收益意识和环境风险意识，条目的描述如表 3-2 所示。这 5 个条目我们进一步归结为两个核心构念，一是绿色发展制度压力，主要包括政府规制压力，社会规范压力和邻里效仿压力；二是养猪户环境意识，主要包括环境收益意识和环境风险意识。

表 3-2 条 目 描 述

条 目	条 目 描 述	构 念
政府规制	国家行政部门所颁布的，有利于养猪业转型升级和绿色发展的行政指令、法律、法规等政策要素。具有强制力	绿色发展制度压力
社会规范	养猪业绿色发展环境下，农户共同遵从的社会道德、行业规范、行为准则和评价标准。具有约束力	
邻里效仿	养猪业绿色发展背景下，农户潜意识接受的规则、惯例以及参照模式和行为模板可能带来的效仿效果	
环境收益意识	农户对畜禽废弃物沼气化、肥料化和饲料化等环境行为可能增加的收益以及优质猪肉产品市场潜力的认知程度	环境意识
环境风险意识	农户对非环境行为可能带来环境污染、道德谴责等各种风险的认知程度	

3. 主题描述

养殖户的环境行为贯穿于养殖全过程，按照"源头预防—过程控制—末端治理"思想，本书从原始数据和条目描述中识别出反映养猪户环境行为的 3 个主题。从编码来源为 B2、b2 的原始语句"2010 年以来我们累计投资 1000 万元进行沼气治污工程（B2）""我们按照政府出台的 10 个平方米饲养 3 头猪的标准进行养殖（b2）"中，我们提炼出猪场科学选址、治污设施建设两个核心概念；从编码来源为 A1、b2

的原始语句"制定了健全的环境保护管理制度（A1）""按照说明书
要求规范配置兽药，合作社和村干部还会不定期来检查（b2）"中，
我们提炼出规范用药和防疫管理两个核心概念；从编码来源为 A1、b1
和 b2 的原始语句"我们公司积极推广猪-沼-菜""猪-沼-稻"资源化
循环利用模式（A1）"、"死猪我们也不会随便乱丢啦，我们也会及时
通知合作社来回收（b1）"和"猪场粪污全部实现了无害化处理和资
源化利用（b2）"中，我们提炼出废弃资源化再利用、病死猪回收处
理两个核心概念。通过对反映主题的核心概念进行属性归类，最后提炼
出 3 个主题，其中猪场科学选择、治污设施建设反映了养猪户源头污染
预防行为；规范用药和防疫管理反映了养猪户过程质量控制行为；畜禽
废弃物资源化再利用、病死猪回收处理反映了养猪户末端污染治理行为
这一主题。主题描述如表 3-3 所示。

表 3-3 主 题 描 述

主　题	主 题 描 述
源头预防行为	农户为了控制畜禽污染物的排放，在猪场科学选址、治污设施投入等方面采取的行为
过程控制行为	农户为了提高畜禽产品的安全质量，在兽药规范使用、严格的卫生防疫管理等方面采取的行为
末端治理行为	农户为了控制畜禽污染物的排放和提高猪肉产品质量，在废弃物能源化、资源化处理、病死猪无害化处理等方面采取的行为

4. 条目与主题相关关系

条目描述和主题描述为进一步分析条目和主题之间的关系奠定了基
础。本节将通过对原始数据的分析进一步探索条目和主题之间的关联关
系，为实证研究提供核心构念和现实逻辑。

（1）绿色发展制度压力。按照新制度理论的观点，个体或组织行
为决策并非都是经济理性的结果，制度压力是影响其行动决策的关键因
素（DiMaggio 和 Powell，1983；Scott，1995），个体或组织的行为蕴含
于外部环境的规范、价值观和习惯等要素之中（Meyer 和 Rowan，

1977；Rivera，2004）。基于上述观点，本书所谓的绿色发展制度压力可以理解为：为实现传统生产模式向绿色生产模式转变，而促使个体或组织的形态、结构或行为同形的社会观念、环境规则、社会规范或乡土文化。借鉴 Scott（2001），Powell（1983），Zucker（1987），陈卫平（2018）等学者研究成果，本书将绿色发展制度压力分为：政府规制压力、社会规范压力和邻里效仿压力。其中政府规制压力来自国家行政部门所颁布的法律、法规和相关规定；社会规范压力来自养猪户共同遵从的社会道德标准、行业规范、行为准则和评价标准；邻里效仿压力来自周围养猪户接受的参照模式和行为模板带来的模仿压力。通过对两个猪场负责人的访谈内容进行整理、归类，本书将猪场 A 和猪场 B 的绿色发展制度压力数据编码整理如表 3-4 所示，并初步识别了条目和主题之间的相关关系。

表 3-4　　　　绿色发展制度压力与养猪户环境行为关系证据

条目	猪场 A 描述（证据事例）	猪场 B 描述（证据事例）	主题
政府规制压力	"其实政府的环境法早就规定了，但是政府的实际执行力几乎没有，也不会特别来查你，新环保法出台后，政府开始重视环保了"；"2010 年以来我们累计投资 1000 万元进行沼气治污工程，其中获政府财政补贴差不多有 400 多万元，现在政府的支持力度还是比较大的"；"我们为了配合政府新农村规划，和绿色发展需要，依托湖北省新农村建设项目，将距离我们猪场 1 千米的所有农户拆迁，集中安置在距离我们猪场 2 千米的村级公路旁边，而且猪场生产的沼气也廉价提供给他们使用"	"现在政府对生猪养殖的整治力度非常大，现在正在集中整治，离村庄、河流 200 米范围内的养猪场都进行关停拆除，我们村有 1/3 的养猪场已经被政府关停了"；"政府要求我们猪按照 10 个平方米饲养 3 头猪的标准，达不到要求就关停我们"；"去年，政府推出生猪保险政策，母猪和生猪都参保，政府给每头猪都买了保险，每头母猪、生猪我们只需交 6 元和 4.05 元，病死猪按大小获赔，大的可获 600 元，小的也有 30 元，现在死猪我们也不会随便乱丢啦，我们也会及时通知合作社来回收"	源头预防行为和末端治理行为

续表

条目	猪场 A 描述（证据事例）	猪场 B 描述（证据事例）	主题
社会规范压力	"2015 年我们猪场一条排污管道发生遗漏，后来流入了农户鱼池，死了一些鱼，结果被农户给举报啦"；"根据绿色发展需要，我们猪场通过国家质量管理体系认证"；"我们按照《畜禽养殖业污染治理工程技术规范》的要求，配套建设了 8 座共计 7300 立方米常温发酵沼气工程，发展农业循环经济，猪场粪污全部实现了无害化处理"；"公司每年都委托有专业资质的环境监测机构对猪场的废水进行监测，并制定了健全了环境保护管理制度"	"以前，一到夏天就散发出臭味，很多虫子、苍蝇飞到我的地里头。灌溉需要河水，可河边堆着猪粪、烂菜叶等垃圾，对环境造成很大的影响。现在大家都很重视环境污染问题，你在猪场周围走一走，基本上闻不到什么气味"；"现在老百姓的日子都比较富裕了，对猪肉产品质量要求也越来越高，我们在养殖过程中也会按照说明书要求规范配置兽药，合作社和村干部还会不定期来检查"；"我们这所有养猪户都要实施污染防治监督公示牌"；"对随便排放养殖废弃物的农户，镇里还建立了有奖举报"	过程控制行为和末端治理行为
邻里效仿压力	"我们公司经常接待一些兄弟单位来参观考察，学习我们公司'猪-沼-菜''猪-沼-稻'资源化绿色发展模式，我们是非常欢迎大家来参观交流的，通过相互学习、相互模仿、共同提高"；"去年 6 月我们举办了"武汉市发展生态循环农业防治农业面源污染现场推进会"，也学习到了其他典型企业好的养殖经验"	"其他养殖户都在积极响应政府的号召，按照绿色养殖要求来规范养殖，我也要和他们一样"；"作为养猪示范户，我还要带头减少污染、采纳绿色养殖模式"；"工业化整治改善了环境，还能'整'出额外收入，没想到比养猪还挣钱，总体来说，还是比较划算的"；"政府和周围农户越来越重视环保，政府也通过各种培训帮助我们掌握新的绿色养殖技术"	末端治理行为

来源：作者根据访谈资料整理而成。

（2）养猪户环境意识。根据环境行为理论，个体或组织的环境意识在环境行为选择和实施过程中扮演重要角色，环境意识越强的个体，环境认知程度越高，越可能采取积极主动的策略来减少环境污染；环境意识较弱的个体往往缺乏解决环境问题的认知，很难意识到环境行为的潜在好处，因此，也很难引起其对环境行为高度重视。基于上述逻辑，本书所谓的规模养猪户环境意识可以理解为养猪户对环境行为的认知水平。借鉴 Gadenne 等（2009）的研究成果，本书将总结出包括环境收益意识和环境风险意识在内的综合性框架来阐释养猪户对环境行为的认知程度，通过与两个猪场负责人的访谈，将案例中猪场 A 和猪场 B 的负责人感知的环境意识数据编码整理如表 3-5 所示，并初步识别了条目和主题之间的相关关系。

表 3-5　　　　　　　　养猪户环境意识与环境行为关系证据

条目	猪场 A 描述（证据事例）	猪场 B 描述（证据事例）	主题
农户收益意识	"按照要求，猪场粪便经收集系统进入大型沼气池厌氧发酵，发酵产生的沼液配水作为肥料，经田间管网进入大棚蔬菜喷滴灌系统，实现了沼液的资源化再利用，产生了明显的经济效益和环境效益"；"通过猪-沼-菜绿色养殖模式生产的各种蔬菜都通过农业部绿色食品认证，市场供不应求，我们计划明年再扩大生产规模。""按照环保部门的要求改造猪场，还能获得额外补贴"	"前些年养猪行情很不稳定，基本上赚不到什么钱，没有能力治理"；"现在绿色发展是大趋势，我们很多养殖户正在改变原来的养殖方式，比如说，采取猪-沼-渔养殖模式，养猪和鱼池同时建，猪粪沼气生产时产生的沼液和沼渣我们经过处理后，可以排到鱼塘里当作鱼饲料，节省了养鱼成本"；"按照政府要求治污，不但保障猪肉质量，还能获得政府的补贴"	源头预防行为和过程控制行为

续表

条目	猪场 A 描述（证据事例）	猪场 B 描述（证据事例）	主题
农户风险意识	"生猪粪便通过沼气发酵处理后，形成的有机肥，一方面可以用于农业生产肥料，另一方面也减少了猪粪的污染排放，改善生活环境"；"我们的多元猪是中粮集团在武汉的主要供应商之一，完全按中粮集团的标准和要求组织生产，在生猪饲养生产管理中，严格规范饲料添加剂和预混剂的使用，减少食品安全风险"；"我们严格按照中粮集团标准和要求，在市场规范范围内使用饲料、添加剂和预混剂，保证猪肉质量安全""公司的经营规模在不断扩大，我们会继续做好土地流转工作，降低经营风险"	"病死猪随便扔到农田里或者湖里肯定会对水质带来污染，现在谁还敢，否则政府随时都有可能关闭你的"；"我们还是非常重视环保的，这两年已经累计投入 200 多万元来扩建厂房、购买消毒设施，减少猪场对周围空气的污染，降低疾病传播风险"；"以前猪场养殖污染对周围农田、水源影响很大，现在政府环保支撑力度这么大，我们愿意使用沼气技术对养殖废弃物进行处理，为周围居民的健康出一份力"	过程控制行为和末端治理行为

来源：作者根据访谈资料整理而成。

四、初始命题提出

通过数据编码和评价，本书将 2 个案例猪场的各组变量（条目）进行对比分析，归纳出养猪户感知的绿色发展制度压力、环境意识与养猪户环境行为各变量之间的现实逻辑，本节将在此基础上提出初始研究命题。

（一）绿色发展制度压力与农户环境行为

通过探索式多案例分析，我们发现了绿色发展制度压力与农户环境行为之间相关关系的证据。从表3-4中可以看出：绿色发展制度压力通过强制力、约束力和影响力影响猪场A和猪场B的源头预防行为、过程控制行为和末端治理行为。一个主要原因是2013年3月"黄浦江死猪漂浮事件"引发的浙江省及地方政府对养猪行业环境污染的集中治理。2015年《中华人民共和国环境保护法》出台后，浙江省、湖北省政府分别联合相关职能部门开展了养猪业专项整治行动，围绕涉及法律法规的私屠滥宰、病死动物无害化处理、饲料中非法添加兴奋剂等问题进行集中整治。党的十八届五中全会以后，浙江省相继开展了乌溪江饮用水源保护区、信安湖衢江流域禁养区、重要河道沿线禁养区生猪养殖污染专项整治行动、生猪养殖污染整治百日攻坚行动和生猪养殖污染整规工作等五轮的生猪养殖污染专项整治大行动，并提出凡是整治不到位一律关停、凡是禁养区内一律取缔、凡是限养区内违规超量一律查处、凡是宜养区内超标排放一律处罚的"四个一律"标准规范。衢州市各县（市、区）、镇、村农业管理部门，也专门制定了"一县一策""一场一策"治理模式与整治标准。截至2015年12月，衢州市共拆除不达标生猪养殖用房154.82万平方米、猪栏106.15万平方米，整治阶段共减少生猪养殖农户3万余户。截至2017年11月，湖北全省禁养区内已关闭和搬迁畜禽养殖场4574个，完成任务总额的96%。

为了满足相关规制、规范的要求，猪场A和猪场B积极做好源头预防治理、过程控制和末端污染治理。猪场A、猪场B按照国家和地方法规，严格实施畜禽养殖场环境"准入制"，从源头预防-过程控制-末端治理全流程开展生猪养殖污染防治。例如，猪场A每年都委托有专业资质的环境监测机构对猪场的废水进行监测，并制定了健全的环境保护管理制度；猪场B主动关停了一处离村庄河流200米的养猪场，并按照政府部门出台的"10个平方米饲养3头猪"饲养标准进行养殖规划、猪舍扩建；在养殖过程中猪场B在生猪饮水中添加EM益生菌，抑制粪便臭味产生,进一步减少了猪场对周围空气的污染;在政府部门和行业组织的技术指导下,猪场 A 和猪场 B 积极实施"猪-沼-渔"循环养殖模式,并按照法律法规对养殖过程中出现的病死猪进行无害化处理。

猪场 A 和猪场 B 实施环境行为得到了政府和周围农户的大力支持,也产生了良好的经济效益和环境效益。2008 年开始,猪场 A 开始实施生猪养殖、水产养殖、设施蔬菜种植、苗木繁育、虹顿养殖和莲藕种植"一体化"的种养结合循环农业模式,取得了明显的经济效益。2013 年度,猪场 A 共实现销售收入 9773.42 万元,总成本 8098.53 万元,实现利润 1674.89 万元,产投比为 1.21;其中:猪场养殖实现销售收入 6846 万元,总成本 6394.25 万元,实现利润 451.75 万元,产投比为 1.07。可见,猪场 A 实施种养循环农业模式,不仅克服了猪场环境污染问题引发的生存危机,而且总体经济效益超过了单纯的生猪养殖。不仅如此,2013 年猪场 A 仅沼气工程项目累计获得政府财政补贴 400 多万元,占 2013 年猪场 A 销售收入的 4.09%,进一步降低了环保投入成本;猪场 B 在 2015 年获得政府各项补贴(包括沼气池补贴、标准化养殖场建设补助、病死猪处理补贴在内)一共有 21.50 万元,占全年营业收入的 4.23%,也进一步降低了环保投入成本,提高了其环境行为的积极性。基于以上分析,我们提出:

命题一:绿色发展制度压力对农户环境行为有正向影响的关系。

(二) 农户环境意识与环境行为

环境风险意识通过价值观(道德意识)驱动其环境行为的实施。与传统的生产行为相比,环境行为更加需要个人或组织高层的关注和承诺(Ramus 和 Steger,2000)。个人越关注,就越有可能实施环境友好行为(Sharma,2000)。因为环境行为具有正外部性,所以个体的环境责任意识是个体设施环境行为的重要驱动力。而环境道德是个体环境责任的重要组成部分,个体的环境意识是环境道德的具体体现,个体环境风险意识越强,环境污染事件对个体的道德压力和道德谴责就越强,进而倾向于做出降低环境影响的决策。从表 3-5 可知,猪场 A 和猪场 B 的负责人都非常注重环境责任。例如：猪场 A 的发展愿景是"山清水秀鱼米乡、乐业安居人和美"，充分体现了环境与发展、生活与事业、物资与精神、企业与员工和谐共生之道，这种愿景也会影响到猪场的其他员工，形成良好的文化氛围。在具体生产过程中，猪场 A 按照 ISO9001：2008 质量管理体系认证标准，建立了纵向到底、横向到边的全面环境管理网络体系，严格规范饲料添加剂和预混剂的使用，大大降低了猪肉食品安全风险；猪场 A 严格按照《畜禽养殖业污染治理工程技术规范》（HJ 497-2009）的要求，大力发展农业循环经济，实现了猪场粪污无害化处理和资源化利用，产生了良好的经济效益和环境效益。再如，猪场 B 的负责人是当地生猪合作社的负责人，个人综合素质高、业务能力强、对环境问题具有更高的认知能力，通过采取"猪-沼-渔"养殖技术，降低养殖风险的同时也节省了养鱼成本。

环境收益意识通过价值导向（赚钱意识）驱动其环境行为的实施。个体的环境收益意识越强，其越能意识到环境行为潜在的收益和降低环保投入的感知成本（Sharma，2000）。从表 3-5 可知，政府的生态补贴政策和养殖户环境行为潜在综合效益是提高养殖户环境收益意识的主要途径。以猪场 A 为例，一方面，大力推行"猪-沼-渔"养殖模式，猪场 A 的粪便经收集系统进入大型沼气池厌氧发酵，发酵产生的沼液配水后作为肥料经田间管网进入大棚蔬菜喷滴灌系统，沼液经作物吸收后，经排水系统进入鱼塘，鱼塘水体再经泵站抽入蓄水池消毒后用于冲洗猪舍，由此通过水循环系统实现了沼液的资源化利用，产投比达到了 1.21，实现了良好的经济效益和环境效益。同时，猪场 A 通过"猪-沼-菜养殖模式"生产的湘莲、藕、红菜蔓、辣椒等蔬菜都通过农业部绿色食品认证，这些绿色产品具有非常广阔的市场前景和竞争优势。另一方面，猪场 A 和猪场 B 按照制度、规范要求实施环境行为，不但保障猪肉质量，还能获得政府的补贴和上下游环节的技术支持，也在一定程度上降低了猪场环保投资成本，提高养猪户环境行为收益（成本）预期。基于以上分析，我们提出：

命题二：农户环境意识对环境行为有正向影响的关系。

五、绿色发展制度压力、环境意识影响农户环境行为的关系模型

本章以湖北省的猪场 A 和浙江省的猪场 B 为案例，探索了在外部环境制度不完善的养殖业绿色发展背景下，养猪户环境行为的驱动因素。通过探索性多案例研究，我们发现影响农户环境行为的两大驱动因素：一是外部绿色发展制度压力，二是内部农户环境意识。外部绿色发展制度压力主要来源于政府规制压力、社会规范压力和邻里效仿压力，它们影响着农户环境行为的不同维度，政府规制压力会影响源头预防行为和末端治理行为，社会规范压力主要促进农户过程控制行为和末端治理行为，而邻里效仿压力会影响农户末端治理行为。农户环境意识包括环境收益意识和环境风险意识，来自内部的环境风险意识会影响农户的源头预防行为和过程控制行为，而环境收益意识会影响农户的过程控制行为和末端治理行为。外部绿色发展制度压力、农户环境意识对养猪户环境行为的影响预设关系如图3-4所示。

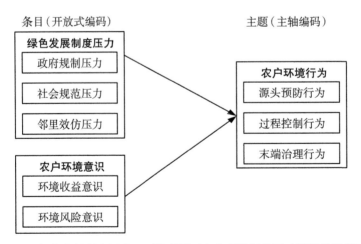

图3-4　绿色发展制度压力、环境意识对农户环境行为影响预设关系模型

上述预设关系模型的提出具有以下两点理论贡献：第一，对环境行为理论的贡献。首先从制度层面、组织层面和农户个体层面揭示了农户环境行为的驱动因素，说明农户环境行为是外部制度压力和内部心理决策共同作用的结果。其次，将绿色发展制度压力变量从调节变量或控制变量转为自变量加以研究，揭示了绿色发展制度压力对农户环境行为的影响差异，以及农户环境意识的不同维度对农户环境行为的影响差异，突破了环境行为理论隐含的"农户外部环境是一致和稳定"的理论假设。第二，对新制度理论的贡献。首先，新制度理论包括结构观和代理观，前者强调制度对个体行为的趋同作用，后者强调个体在制度环境中的主观能动性，本书整合这两种观点，能更好地解释农户环境行为。

六、本章小结

本章以浙江省和湖北省两家大型养猪场为例，应用案例数据、理论阐述和模型构建三者相互印证的探索式案例研究方法，探究了绿色发展制度压力、养猪户环境意识与环境行为之间的逻辑关系，提出绿色发展制度环境对养猪户环境意识和环境行为都将产生正向影响，而养猪户环境意识也会正向影响环境行为的初始命题。

以上初始命题为制度理论和环境行为理论融合分析提供了实证基础，也是本书下一步进行全面理论阐述的探索和假说。由于案例数量和定性测量等因素，本章提出的两个初始命题在外部效度上有待进一步验证。因此，本书第四章将对以上研究构念的维度进行细分，运用演化博弈理论对其进行更为深入、全面的剖析，以丰富本案例已提出的理论模型，并提出更为明确的研究假设。

第四章　养猪户环境行为的驱动机理分析

通过第三章探索式多案例分析，我们识别了农户环境行为的两大驱动因素：一是外部制度压力，二是内部环境意识，并从构念层面解释了农户环境行为的形成是外部制度压力和内部农户环境意识相互作用的结果。本章基于成本收益视角，运用演化博弈模型，从维度层面进一步剖析不同类型绿色发展制度压力对养猪户环境行为形成的影响机制，从而为后面章节的实证研究中研究假设的提出提供理论基础和现实逻辑。

一、养猪户环境行为的内外部驱动因素分析

现有的研究表明，人的行为都是在一定环境条件下发生的（张爱卿，1996；崔彬等，2011）。王海涛（2012b）认为农户的经济行为动机是理性的，当然这种理性行为也会受到外部环境条件、内部主观认识能力的多重制约。因此，本书认为养猪户环境行为是一系列相互关联的内外部因素共同作用的结果。

（一）外部制度因素分析

基于新制度理论分析框架，结合养猪户生态养殖的特点，养猪户环境行为受到的外部制度压力主要来源于政府规制压力、社会规范压力和邻里效仿压力。

1. 政府规制压力

根据环境经济学的解释，环境污染外部性的属性导致市场失灵，迫使政府制定环境管制政策来协调环境保护与经济行为之间的关系。养猪

业环境污染具有明显的外部性特征，纯粹的市场机制不能有效解决养猪业环境污染问题，需要政府制定严格的法律法规、技术、标准来规范养殖户的养殖行为。Pedersen 等（2012），Zheng 等（2015）认为政府出台的一系列"萝卜"环境规制政策对促进养殖户生产变革、方式转型以及未来发展规划都具有重要的调控作用。刘红岩和李娟（2015）将政府的环境规制分为惩罚性规制和激励性规制两种，其中惩罚性规制主要通过环境法律、法规、标准等来确定管制目标，对不达标的养猪户给予相应的处罚，惩罚性规制主要通过规范和约束来促进养猪户环境行为的实施（左志平等，2016b；Pan 等，2016）；激励性规制主要通过政策扶持和生态补贴等方式，减少养猪户环保性投入成本，提高养猪户环境行为的积极性（彭玉珊，2012）。张郁实证研究检验了政府通过政策扶持和生态补贴的形式有效激励了养猪户的环境行为（张郁等，2015a）。仇焕广等（2012）研究则表明，政府惩罚性规制政策对降低畜禽粪便废弃率更有效。而左志平等（2016b）研究表明，激励性的环境规制政策比惩罚性的环境规制政策更有效。

2. 社会规范压力

根据环境行为理论的解释，社会规范是农户环境行为的重要影响因素。社会规范压力主要来自周围农户的道德谴责、消费者的环保需求和上下游环节的环保要求。随着消费者收入水平的不断提高，消费观念正从传统的"价格优先"转向"质量优先"，消费者对猪肉产品的环保要求会拉动养猪户环境行为的实施（彭玉珊，2012；辛翔飞等，2015）。我国农村社区是一个"熟人社会"，形成的关系网络，养猪户的养殖行为选择更关注于对道德规范的关注，养猪户养殖行为往往受到周围养猪户、社会公众等社会群体的道德性规制影响（徐志刚等，2016）。左志平等（2017）认为，养猪户绿色运营模式是从产业链视角来审视系统内部不同组成成员之间的关系，因此，上下游环境主体的行业规范是养猪户绿色运营模式形成的重要驱动因素。

3. 邻里效仿压力

按照新制度理论的解释，在市场竞争环境中，如果某个个体采取一种新的生产技术，必然会吸引到其他个体或组织的注意和购买倾向，其他个体或组织在利益的驱动下，必然会去效仿，特别是重要人物的行为方式、表率作用，对整个行业的竞争环境具有重要的影响。Cassidy（2013）研究也表明经济主体实施环境行为的原因未必是出于良好的心理认知、意愿和社会责任，而主要受到周边同伴环境行为的影响。在我国农村"熟人社会"形成的关系网络里，当周围养猪户，特别是重要的人物（如示范户、其他养殖企业）通过环境行为获得较好的经济效益和生态效益时，周围其他养猪户会表现出很强的"从众心理"，从而增强了养猪户环境行为的动机。因此，加强典型农户的模范带头作用、营造农户自觉践行环境行为的良好氛围，有助于诱导农户环境行为的实施（徐志刚等，2016）。

（二）内部收益成本动力因素

从现实角度来看，追求经济利益和规避养殖风险是养猪户实施环境行为的内在动力。

1. 追求经济效益

根据农户行为理论，养猪户作为"理性经济人"，追求经济效益是其环境行为的原动力，因此，在"经济人"假设条件下，农户追求效益最大化是一种本能的必然表现。农户追求经济效益的实质就是以尽可能少的投入，来实现更高的经济效益（彭玉珊，2012）。李鹏等（2012），左志平等（2016），Shen 等（2017）研究表明，养猪户通过废弃物资源化、肥料化，在实现经济效益的同时，也产生了环境效益。Staats 等（2004），虞祎（2012），左志平等（2016）认为养猪户环境行为需要养猪户对传统的养殖模式进行改进，因此需要大量的环保资金的投入，在缺乏外部资源的激励的情况下，养猪户环境行为带来的综合收益无法弥补其环保性投入。袁伟彦（2016）实证研究结果表明，经济利益追求及由此激发的环保自觉是养猪户投资生态创新的源动力。

2. 降低运营风险

优质猪肉产品的生产周期长、涉及环节多、工序复杂，常常给养猪户的经济效益带来了诸多不确定性。因此，能否有效降低养殖经营风险是养猪户选择不同养殖行为的重要条件。彭玉珊（2012）认为养猪户养殖风险主要包括三类：一是自然风险，主要是由自然灾害、疫病等原因导致的生猪死亡的风险；二是质量风险，主要是由环境污染、疫病和投入品不符合标准等原因导致的猪肉中有害微生物、重金属和药物残留等超标风险；三是价格风险，主要是由猪肉的供给和需求不平衡，引起猪肉价格上下剧烈波动，给养猪场户带来的经济损失风险。左志平等（2016c）认为养猪户环境行为作为一种环境友好行为，是养猪户应对环境问题的主要措施，可以有效降低生猪养殖自然风险；养猪户环境行为作为一种合法性行为，也满足了政府、上下游环境主体和周围养猪户的环保要求，降低了经营风险。同时，养猪户环境行为实现了绿色猪肉产品的绿色溢价，有效降低了质量风险和价格风险。

（三）养猪户环境行为的驱动路径

通过第三章探讨式案例和本章对养猪户环境行为的内外部驱动因素的分析，可以看出：追求经济利益和降低养殖风险是养猪户实施环境行为的原动力，绿色发展制度压力是养猪户实施环境行为的外引力。其中政府的惩罚性规制和激励性规制能够有效约束养猪户的环境污染行为；社会公众对养殖污染的道德谴责、消费者绿色猪肉产品需求以及上下游环节的环保要求（生产标准）能够有效引导养猪户环境行为的实施；周围其他规模养猪户的带头示范、引领作用能够有效带动和影响其他养猪户的环境行为。同时，养猪户自身的环保资源、种养一体化程度和养殖废弃物转化技术是其实施环境行为的制约因素。养猪户环境行为的驱动机理如图 4-1 所示。

从图 4-1 中可知，在外部绿色发展制度压力和内部利益因素的驱动下，养猪户在环境行为的实施过程中始终保持与环境和谐相容。资源、技术和能力等制约因素可能会影响养猪户环境行为的实施（可能产生反作用力）。在驱动力与反作用力的反复作用下，养猪户最终实现了猪肉质量安全和畜禽污染最小的环境行为目标。

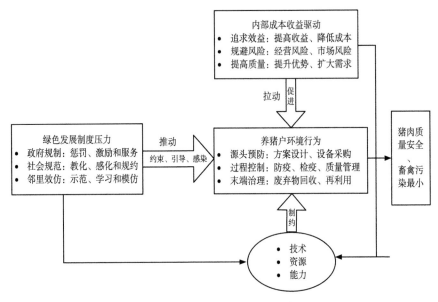

图 4-1　养猪户环境行为驱动路径

二、绿色发展制度压力影响养猪户环境行为的演化机制分析

通过对养猪户环境行为驱动机理分析，我们发现，养猪户环境行为是由外部制度环境因素和内部心理因素相互影响、相互作用的结果，是一个不断调整、不断演化的动态过程。本节将运用演化博弈模型，通过养猪户成本收益比较，从具体维度层面进一步剖析不同制度压力（规范压力、规制压力和效仿压力）对养猪户环境行为形成的影响机制，提出相应的命题，并构建本书的研究框架，为后面章节的实证研究提供理论基础和关系逻辑。

（一）社会规范压力对养猪户环境行为的演化机制分析

社会规范压力对养猪户环境行为决策具有重要的引导作用。通过探索式案例分析我们发现，周围农户的道德诉求、消费者环保需求和上下游供应商的行业规范要求是社会规范压力的主要来源。本节用周围农户监管概率、下游供应商（消费者可以看成下游供应商）的行业规范要求来反映养猪户受到的社会规范压力，通过建立下游供应商与养猪户环境行为的演化博弈模型，从纵向协作视角探讨下游供应商规范压力对养猪户环境行为的演化影响机制。

1. 演化博弈模型构建

（1）模型假设

假定1：在绿色发展背景下，消费市场上存在两类群体，一类是养猪户群体，另一类是下游供应商群体，绿色猪肉产品的生产需要这两类群体的相互合作才能实现。

假定2：如果下游供应商要求上游养猪户按照行业规范要求组织生产，大部分环境意识相对较强的养猪户会采用环境行为（生产绿色猪肉），而只有少部分环境意识相对较弱的养猪户采用非环境行为（生产普通猪肉）；如果下游供应商不要求上游养猪户按照行业规范要求组织生产，只有少部分环境意识相对较强的养猪户采用环境行为（生产绿色猪肉），而大部分环境意识相对较弱的养猪户将采用非环境行为（生产普通猪肉）。

假定3：下游供应商与养猪户建立了长期合作契约关系和风险分担机制，下游供应商不定期会对养猪户的生产行为进行监管，对未按照行业规范要求实施绿色养殖的养猪户实施惩罚，对按照行业规范要求实施绿色养殖的养猪户实施奖励。

假定4：猪肉市场需求刚性，两类猪肉产品功能相同但具有不完全可替代性；在市场中，下游供应商对绿色猪肉和普通猪肉具有不同偏好，养猪户能够根据下游供应商对猪肉产品的偏好情况，调整自己的养殖行为。

（2）模型参数

在绿色发展背景下，下游供应商不实施规范压力，养猪户生产普通猪肉时，养猪户和下游供应商各自的正常收益分别为 P_s 和 P_m；下游供应商实施规范压力，养猪户生产绿色猪肉时，养猪户和下游供应商各自增加的综合收益分别为 αP_s 和 βP_m（α 和 β 分别为养猪户和下游供应商实施环境行为的收益增加比率）；下游供应商实施规范压力，养猪户和下游供应商共同生产绿色猪肉时，需要双方付出的必要成本（如养猪户环保投入，供应商监管成本、食品安全检测、冷链物流方面的投入等）分别为 C_s 和 C_m；养猪户实施环境行为，下游供应商采取投机行为，则下游供应商的收益为 $T_m(T_m > P_m)$；下游供应商实施行业规范要求，养猪户采取投机行为，养猪户的收益为 $T_s(T_s > P_s)$；养猪户未按照行业规范要求实施环境行为，致使猪肉产品产生质量问题，被社会公众举报的概率为 p；由于被社会公众举报，养猪户和下游供应商均可能有风险损失，风险损失为 pL；依照风险分担原则，下游供应商损失的分摊比例为 r。根据上述假设，社会规范压力对养猪户环境行为演化博弈策略组合如表 4-1 所示。

表 4-1　　社会规范压力对养猪户环境行为演化博弈收益矩阵

群体 2：供应商		群体 1：养猪户	
	状态（概率）	环境行为(y)	非环境行为($1-y$)
	规范压力(x)	$(P_m+\beta P_m-C_m, P_s+\alpha P_s-C_s)$	$(P_m+\beta P_m-C_m, T_s)$
	无规范压力($1-x$)	$(T_m, P_s+\alpha P_s-C_s)$	$(P_m-rpL, P_s-(1-r)pL)$

2. 演化博弈模型分析

假设在博弈的初期，下游供应商实施"规范压力"的概率为 x，养猪户选择"环境行为"的概率为 y，则下游供应商"无规范压力"和养猪户选择"非环境行为"的概率分别为（$1-x$）和（$1-y$）。

则下游供应商与养猪户环境行为演化动态方程分别为：

$$F(x) = \frac{\mathrm{d}x}{\mathrm{d}t} = x(1-x)\left[(\beta P_m - C_m + rpL) - y(T_m - P_m + rpL)\right] \quad (1)$$

$$F(y) = \frac{\mathrm{d}y}{\mathrm{d}t} = y(1-y)\left[(\alpha P_s - C_s + (1-r)pL) - x(T_s - P_s + (1-r)pL)\right]$$

$$(2)$$

分别令 $F(x)=0$、$F(y)=0$，得到下游供应商与养猪户博弈关系的5个局部平衡点，分别为 $O(0,0)$、$A(0,1)$、$B(1,0)$、$C(1,1)$ 和 $H(x^*,y^*)$。

其中 $x^* = \dfrac{\alpha P_s - C_s + (1-r)pL}{T_s - P_s + (1-r)pL}$，$y^* = \dfrac{\beta P_m - C_m + rpL}{T_m - P_m + rpL}$，且 $0 \leqslant x^*$ $\leqslant 1$，$0 \leqslant y^* \leqslant 1$。进一步分析，得到养猪户与下游供应商两类不同群体演化博弈的进化稳定策略（Evolutionarily Stable Strategy，ESS），具体如表4-2所示。

表4-2 社会规范压力下养猪户环境行为演化的 ESS

序号	条件	ESS 解
(1)	$0 < \alpha < \alpha_1$ 且 $0 < \beta < \beta_1$	$x^* = 0$，$y^* = 0$
(2)	$\alpha_1 < \alpha < \alpha_2$ 且 $\beta_1 < \beta < \beta_2$	$x^* = 0$，$y^* = 1$ 和 $x^* = 1$，$y^* = 0$
(3)	$\alpha_2 < \alpha$ 且 $\beta_2 < \beta$	$x^* = 1$，$y^* = 1$

3. 演化影响路径分析

（1）当 $0 < \alpha < \alpha_1$ 且 $0 < \beta < \beta_1$ 时，$O(0,0)$ 为系统演化稳定点，即（无规范压力，非环境行为）为系统演化稳定策略，演化路径如图4-2（a）所示。其现实含义为：在绿色发展背景下，当下游供应商选择规范要求和养猪户选择环境行为策略的净收益较小，且小于放弃环境行为策略而遭受的风险损失时，则下游供应商与养猪户均没有选择环境行为的动力。近几年春节期间暴发的"销售病死猪"事件较好地验证了这一演化结果。由于下游供应商（主要是一些地方中小型屠宰加工企业）规模较小，环境意识淡薄，他们将散养农户的病死猪收购后，经过简易的加工处理制作成各种肉制品，然后销售到终端市场，并从中获取暴利（P_m 增大，C_m 减小，导致 β 变小）。所以转型升级和绿色发展背景下，散养农户和下游供应商实施环境行为的动机较小。

（2）当 $\alpha_1 < \alpha < \alpha_2$ 且 $\beta_1 < \beta < \beta_2$ 时，$A(0,1)$、$B(1,0)$ 均为系

统演化稳定点，即（无规范压力，环境行为）和（规范压力，非环境行为）均为系统演化稳定策略，演化路径如图4-2（b）所示。其现实含义为：在绿色发展背景下，当养猪户选择环境行为和下游供应商选择规范要求策略的净收益均大于为此付出的成本，却小于选择投机行为策略时的净收益时，此时，养猪户实施环境行为，下游供应商将采取投机行为，或者是下游供应商采取规范要求，养猪户则选择投机行为。近几年曝光的"瘦肉精"事件较好地验证了这一演化结果，由于下游供应商在生猪检验、屠宰加工环节存在漏洞，养猪户将添加"瘦肉精"养殖的生猪冠名销售给下游屠宰加工企业，并从中获取暴利。

（3）当 $\alpha_2 < \alpha$ 且 $\beta_2 < \beta$ 时，$C(1,1)$ 为系统演化稳定点，即（规范压力，环境行为）为系统演化稳定策略，演化路径如图4-2（c）所示。其现实含义为：当下游供应商实施规范压力和养猪户选择环境行为策略的净收益均大于选择其投机行为策略时的净收益时，双方均放弃投机行为，选择环境行为。

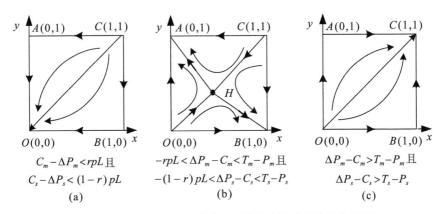

图4-2 社会规范压力对养猪户环境行为影响的演化路径图

4. 演化影响因素分析

养猪户群体与下游供应商群体的演化结果取决于图4-2（b）中 S_{AOHC} 和 S_{BOHC} 面积的大小。而临界线的位置由鞍点 $H(x_h, y_h)$ 决定。

（1）正常收益分别为 P_s 和 P_m。将面积 S_{AOHC} 分别求关于 P_s 和 P_m 的一阶导数，得 $S'_{AOHC}(P_s) > 0$、$S'_{AOHC}(P_m) < 0$，由此可知，在绿色发展背景下，当养猪户选择"非环境行为"的收益 P_s 越大，下游供应商"无规范压力"的收益 P_m 越小时，养猪户实施环境行为而下游供应商不实施规范要求的动机越强，反之亦反。

（2）综合收益增加率 α 和 β。将 S_{AOHC} 分别求关于 α 和 β 的一阶导数，得 $S'_{AOHC}(\alpha) > 0$、$S'_{AOHC}(\beta) < 0$，由此可知，在绿色发展背景下，当养猪户选择"环境行为"的综合收益率 α 越大，下游供应商选择"无规范压力"的综合收益率 β 越小时，养猪户实施环境行为而下游供应商无规范压力的概率越大。这表明：若养猪户采取"环境行为"的综合收益率 α 越大，而下游供应商实施"规范压力"的综合收益率 β 越小时，则养猪户实施环境行为而下游供应商不实施规范压力的概率就越大。

（3）环境行为投入成本 C_s 和 C_m。将 S_{AOHC} 分别求关于 C_s 和 C_m 的一阶导数，得 $S'_{AOHC}(C_s) < 0$、$S'_{AOHC}(C_m) > 0$，由此可知，当养猪户实施"环境行为"的投入成本 C_s 越大，下游供应商实施"规范压力"的投入成本 C_m 越小时，下游供应商采取规范压力而养猪户选择非环境行为的概率越大，反之亦反。

（4）风险损失分摊系数 r。分别对 x_h、y_h 求关于 r 的一阶导数，得 $x'_h(r) < 0$、$y'_h(r) > 0$。由此可知，当 r 增大时，x_h 的值变小、y_h 变大。图 4-2（b）中 S_{AOHC} 变大，系统演化到 $B(1，0)$ 概率增大，即下游供应商实施严格的环境规范压力，但养猪户不会实施环境行为。这表明：当下游供应商的损失分摊系数 r 越大［对应的养猪户损失分摊系数越小（$1-r$）越小］时，其承担的风险损失（或收益分配）越大，下游供应商更倾向于采取更加严格的环保规范压力。因此，在绿色发展背景下，建立合理的风险损失分摊机制或收益分配机制，在一定程度上能促进养猪户环境行为的演化。

（5）风险损失 pL。分别对 x_h、y_h 求关于 pL 的一阶导数，知 $x'_h(pL) < 0$、$y'_h(pL) < 0$，由此可知，当 pL 增大时，x_h、y_h 的值均变小，虽然 S_{AOHC} 和 S_{BOHC} 大小变化不确定，但系统演化到 $C(1，1)$ 概率增

大。这表明：加大社会公众的监管力度（p 增大），养猪户和下游供应商采取非环境行为的机会成本 L 增大，养猪户和下游供应商采取环境行为的概率均会增强。

通过以上的分析，在绿色发展背景下，下游供应商的规范压力对养猪户环境行为具有重要的影响作用，下游供应商的规范压力越大（x^* 越大）时，养猪户综合收益越大、投机收益越小。同时，加大社会公众的监管力度（p 增大），养猪户采取环境行为和下游供应商实施规范压力的机会成本 L 增大，养猪户选择环境行为和下游供应商采取规范压力的概率均会增大。基于以上分析结论，本书提出如下命题：

命题三：社会规范压力下环境意识越强的养猪户实施环境行为概率越大。

（二）邻里效仿压力影响养猪户环境行为的演化机制分析

邻里效仿压力对养猪户环境行为决策具有重要的感染和诱导作用。本节通过建立被效仿养猪户与养猪户环境行为的演化博弈模型，探讨邻里效仿压力对养猪户环境行为的演化影响机制。

1. 演化博弈模型构建

（1）模型假设

假定 1：在生猪市场上，有两类养殖群体，群体 1 实施环境行为生产绿色猪肉（绿色养猪户），群体 2 主要采用非环境行为生产普通猪肉（普通养猪户）。

假定 2：在猪肉市场上，消费者对普通猪肉和绿色猪肉具有不同偏好，养猪户能够根据消费者对猪肉产品的偏好情况，调整自己的养殖行为，如效仿其他养猪户群体的养殖模式。

假设 3：消费者存在效用异质性，消费者的效用函数为：$U(\theta, g) = \theta g - p$。购买质量水平为 g 的猪肉产品；否则 $U(\theta, g) = 0$，其中，θ_i（$i = 0, 1$）表示消费者对不同猪肉产品的偏好系数，且服从 $[0, 1]$ 内均匀分布，θ_i 越高，表明消费者对猪肉产品安全质量的要求越高，$\bar{\theta}$ 表示消费者购买猪肉产品最大的环境满意度；g 表示猪肉产品的质量水平，猪肉产品的质量水平越高，猪肉产品的环境质量越高，设 g_i（$i=0$，1）分别表示非环境行为和环境行为下猪肉产品的质量水平，$g_1 > g_0 > 0$。

（2）模型参数

p_i 表示不同环境行为下猪肉产品售价（$p_1 > p_0 > 0$）；q_i 表示不同环境行为下猪肉产品产量（$q_1 > q_0 > 0$）；c_i 表示不同猪肉产品的边际成本（$c_1 > c_0 > 0$）；I 表示养猪户环保投入的成本；π_1^G 表示不同的养猪户群体成员均采用环境行为的收益；π_1^{NG} 表示不同的养猪户群体成员均采取非环境行为的收益；π_0^G 表示不同的养猪户群体成员采取不同环境行为时采取环境行为一方的收益；π_0^{NG} 表示不同的养猪户群体成员采取不同环境行为时采取非环境行为一方的收益。

（3）模型构建

为了构建邻里效仿压力对养猪户环境行为演化收益矩阵，先要求解出邻里效仿压力对养猪户不同养殖行为下的收益 π_1^G，π_1^{NG}，π_0^G，π_0^{NG}。本书采用逆向归纳法，求得不同的养猪户群体成员均采用不同行为的收益分别如下，具体的求解过程详见附件 1 所示。

$\pi_1^G = (p_1 - c_1) q_1 = 2 (\bar{\theta} g_1 - c_1)^2 / 9 g_1$；

$\pi_1^{NG} = 2 (g_0 - c_0)^2 / 9 g_0$；

$\pi_0^{NG} = (2 \bar{\theta} g_1{}^2 - 2 \bar{\theta} g_0 g_1 - 2 g_1 c_1 + g_0 c_1 + g_1 c_0)^2 / (g_1 - g_0) (4 g_1 - g_0)^2$；

$\pi_0^G = g_1 (\bar{\theta} g_0 g_1 - \bar{\theta} g_0{}^2 + g_0 c_0 + g_0 c_1 - 2 g_1 c_0)^2 / g_0 (g_1 - g_0) (4 g_1 - g_0)^2$。

因此，邻里效仿压力对养猪户环境行为演化收益矩阵如表 4-3 所示。

表 4-3 　　邻里效仿压力对养猪户环境行为演化收益矩阵

群体 2：被效仿养猪户	群体 1：养猪户		
	状态（概率）	环境行为（x）	非环境行为（$1-x$）
	环境行为（x）	（$\pi_1^G - I$，$\pi_1^G - I$）	（$\pi_0^G - I$，π_0^{NG}）
	非环境行为（$1-x$）	（π_0^{NG}，$\pi_0^G - I$）	（π_1^{NG}，π_1^{NG}）

2. 演化博弈模型分析

由于群体 1 和群体 2 都属于养猪户群体,具有市场对称性,所以就邻里效仿压力对养猪户环境行为演化机制做单边分析。设养猪户群体中实施"环境行为"的概率为 x,实施"非环境行为"的概率为 $1-x$。E_1^S,E_1^{NS},$\overline{E}_1$ 分别为养猪户选择"环境行为"与"非环境行为"的期望收益和群体平均收益。

$$E_1^S = x(\pi_1^G - I) + (1-x)(\pi_0^G - I)$$

$$E_1^{NS} = x(\pi_0^{NG} - W) + (1-x)\pi_0^{NG}$$

$$\overline{E}_1 = xE_1^S + (1-x)E_1^{NS}$$

则养猪户群体选择"环境行为"动态微分方程为:

$$F(x) = \frac{dx}{dt} = x(E_1^S - \overline{E}_1) = x(1-x)\left[(\pi_0^G - \pi_1^{NG}) - x(\pi_0^G + \pi_0^{NG} - \pi_1^G - \pi_1^{NG})\right]$$

令 $F(x) = 0$,得到:

$$x = 0, \quad x = 1 \text{ 或 } x^* = \frac{\pi_0^G - \pi_1^{NG}}{(\pi_0^G + \pi_0^{NG} - \pi_1^G - \pi_1^{NG})};$$

3. 演化影响因素分析

为了深入分析各个因素对养猪户环境行为演化的影响:

设 $f(g_1) = \pi_0^G - \pi_1^{NG}$,则 $\dfrac{\partial f(g_1)}{\partial g_1} = \dfrac{(p_1 - p_0)[(p_1 - p_0) - (c_1 - c_0)]}{(g_1 - g_0)^2}$,

(1)猪肉质量水平 g_i。当 $p_1 - p_0 > c_1 - c_0$ 时,$f(g_1)$ 为增函数。由逆向归纳法求得:

$\pi_1^G - \pi_0^{NG} = (g_1 - c_1)^2 / 9g_1 - (g_0 - c_0)^2 / 9g_0 \geqslant 0$,有 $g_1^2 - (2c_1 + A)g_1 + c_1^2 \geqslant 0$,其中,$A = (g_0 - c_0)^2 / g_0$(常数)。求得 $g_1 \geqslant [(2c_1 + A) + \sqrt{4Ac_1 + A^2}]/2$。

说明当养猪户单位生产成本的投入获得的产出较高,且质量水平 $g_1 \geqslant [(2c_1 + A) + \sqrt{4Ac_1 + A^2}]/2$ 时,养猪户采取环境行为与非环境行为的收益差越大,养猪户最终将全部演化为环境行为。

(2)边际生产成本 c_i。对 π_0^G 求关于 c_1、c_0 的一阶导数,知

$\partial \pi_0^G / \partial c_0 < 0$，$\partial \pi_0^G / \partial c_1 > 0$。表明：养猪户选择环境行为的成本越高，其收益随之增加，养猪户追求利益最大化，将趋于采取环境行为。

（3）猪肉产品的偏好系数 θ_i。分别求价格和利润对绿色偏好系数的偏导函数，有（$\partial p_1 / \partial \bar{\theta} - \partial p_0 / \partial \bar{\theta}$）$> 0$ 和（$\partial \pi_0^G / \partial \bar{\theta} - \partial \pi_0^{NG} / \partial \bar{\theta}$）$> 0$，表明消费者的绿色消费偏好系数 $\bar{\theta}$ 越大，绿色猪肉和普通猪肉的价格均会逐步增加，生产普通猪肉的养猪户和生产绿色猪肉的养猪户的利润均不断增加，但生产绿色猪肉的养猪户的利润较生产普通猪肉的养猪户利润增加更快，养猪户越趋于效仿生产绿色猪肉。

4. 演化影响路径分析

（1）当 $\pi_0^G - \pi_1^{NG} > 0$ 且 $\pi_0^{NG} - \pi_1^G \leqslant 0$ 时。由微分方程性质可知，$x = 1$ 是博弈的演化稳定策略，其演化路径如图 4-3（a）所示，养猪户最终全部演化为实施"环境行为"。现实意义为：在绿色发展背景下，养猪户一方采取环境行为的收益大于双方均采取非环境行为的收益，而且另一方采取非环境行为的收益小于双方均采取环境行为的收益时，最终所有的养猪户都会选择环境行为。

（2）当 $\pi_0^G - \pi_1^{NG} \leqslant 0$ 且 $\pi_0^{NG} - \pi_1^G > 0$ 时。由微分方程相关性质可知，$x = 0$ 是博弈的演化稳定策略，其演化路径如图 4-3（b）所示，养猪户最终全部演化为"非环境行为"。现实意义为：在绿色发展背景下，养猪户一方采取环境行为的收益小于双方均采取非环境行为的收益，而且另一方采取非环境行为的收益大于双方均采取环境行为的收益时，最终所有的养猪户都会放弃环境行为。

（3）当 $\pi_0^G - \pi_1^{NG} \leqslant 0$ 且 $\pi_0^{NG} - \pi_1^G \leqslant 0$ 时。由微分方程相关性质可知，$x = 0$，$x = 1$ 均为博弈的演化稳定策略，其演化路径如图 4-3（c）所示，养猪户可能演化为实施"环境行为"，也可能演化为实施"非环境行为"。现实意义为：在转型升级和绿色发展背景下，养猪户一方采取环境行为的收益小于双方均采取非环境行为的收益，而且另一方采取非环境行为的收益小于双方均采取环境行为的收益时，养猪户既有可能选择"环境行为"，也有可能选择"非环境行为"。

（4）当 $\pi_0^G - \pi_1^{NG} > 0$ 且 $\pi_0^{NG} - \pi_1^G > 0$ 时。由微分方程相关性质可

知，$x^* = \dfrac{\pi_0^G - \pi_1^{NG}}{(\pi_0^G + \pi_0^{NG} - \pi_1^G - \pi_1^{NG})}$ 为博弈的演化稳定策略，其演化路径

如图 4-3（d）所示，养猪户可能演化为"环境行为"，也可能演化为

"非环境行为"，并且 $\pi_0^G - \pi_1^{NG}$ 的值越大，演化为环境行为的概率 x^* 越

大，$\pi_0^{NG} - \pi_1^G$ 的值越大，演化为环境行为的概率越小。

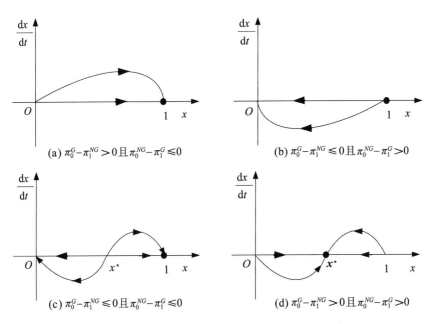

图 4-3 邻里效仿压力对养猪户环境行为影响的演化路径图

现实意义为：在绿色发展背景下，养猪户一方采取环境行为的收益
大于双方均采取非环境行为的收益，而且另一方采取非环境行为的收益
大于双方均采取环境行为的收益时，市场上选择"环境行为"和选择
"非环境行为"的养猪户均存在，并且当养猪户一方采取环境行为的收
益与双方均采取非环境行为的收益差值越大，养猪户采取"环境行为"
的概率就越大；当另一方采取非环境行为的收益与均采取环境行为的收
益差值越大，养猪户采取"环境行为"的概率就越小。

通过以上的分析，邻里效仿压力对养猪户环境行为具有重要的影响作用。率先实施环境行为的养猪户，虽然环保投入成本在增加，但养殖收益也会随之增加，同时，随着消费者环保意识的增强，对猪肉产品环保需求不断增加，实施环境行为的养猪户生产的绿色猪肉价格和利润较普通养猪户增加更快。因此，在从众心理的影响下养猪户会模仿率先实施环境行为。基于以上分析，本书提出如下命题：

命题四：邻里效仿压力下环境意识越强的养猪户实施环境行为概率越大。

（三）政府规制压力影响养猪户环境行为的演化机制分析

考虑到养猪户实施环境行为而进行的环保投入 I 具有外部正效应，假设政府为了减少养猪户环境行为运营成本，通过激励性规制引导养猪户实施环境行为；同时，为了减少养猪户群体的投机行为给社会带来的不良影响，政府又推行惩罚性规制迫使不同养猪户群体实施环境行为。

1. 演化模型构建

（1）模型假设

假设1：在政府规制压力下，不同养猪户群体成员只采取两种不同的行为：一种是采取"环境行为"，即养殖过程全程严格按照环境管理系列标准实现标准化养殖；另一种是采取"非环境行为"，这种行为将受到政府惩罚。

假设2：政府部门有两种策略可以选择：一种是对养猪户实施监管，如果发现养猪户采取环境行为将对其给予奖励，如果发现养猪户采取非环境行为，将对其实施严厉惩罚，另一种是不实施监管。

假设3：在市场上同一消费者对绿色猪肉和非绿色猪肉具有不同偏好，消费者存在效用异质性，即同一猪肉产品对于不同消费者，其效用存在差异，消费者的效用函数为：$U(\theta, g) = \theta g - p$；其中，$\theta_i$ 表示消费者对不同产品的偏好系数，且服从 [0，1] 内均匀分布；g 表示猪肉产品的绿色度，绿色度越高，产品的环境质量越高。

（2）模型参数

设 I 为养猪户某一生产周期内实施环境行为投入的固定成本（猪场建设、治污设施投资等），由于养猪户实施环境行为而进行的环保投入 I 具有正外部性效应，政府的收益可以表示为 ωI $(\omega > 0)$；C 为政府监督产生的费用；B 为养猪户采用环境行为时政府给予的一定绿色养殖补贴（如差额补贴、优先贷款等），且政府的绿色补贴对绿色猪肉价格的影响有限；W 为养猪户采用非环境行为造成环境面源污染，政府收取一定罚金，如排污费；R 为政府付出的养猪户环境污染和破坏治理费用。π_1^G、π_0^G 分别表示养猪户群体成员实施环境行为和不实施环境行为的收益。

（3）模型构建

在政府规则压力下，不同养猪户群体成员采取不同的行为策略：积极开展绿色养殖模式，实施环境友好行为，病死猪和养殖场废弃物无公害处理，养殖过程中产生的废弃物资源化再利用，全程严格按照环境管理系列标准实现标准化养殖。采用传统的养殖模式，即选择非环境友好行为，对养殖废弃物任意排放，这种养殖模式会受到政府的惩罚。

为了督促养猪户实施环境行为，政府机构（如环保部门、农业部门）对养猪户群体的环境行为进行监管（如定期检查规模养猪户的废弃物排放、利用情况）。假设养猪户群体中实施"环境行为"的概率为 x，政府部门选择"监管"的概率为 y，则政府规制压力与养猪户环境行为演化博弈策略组合如表 4-4 所示。

表 4-4　政府规制压力对养猪户环境行为演化博弈收益矩阵

群体 2：政府		群体 1：养猪户	
	状态（概率）	环境行为（x）	非环境行为（$1-x$）
	监管（y）	$(\omega I - C - B,\ \pi_1^G + B - I)$	$(W - C - R,\ \pi_0^G - W)$
	不监管（$1-y$）	$(\omega I,\ \pi_1^G - I)$	$(-R,\ \pi_0^G)$

2. 演化模型求解

根据收益矩阵，养猪户群体实施环境行为演化复制动态微分方程

$F_1(x)$ 和政府监管的演化复制动态微分方程 $F_1(y)$ 分别为:

$$F_1(x) = \frac{\mathrm{d}x}{\mathrm{d}t} = x(1-x)\left[y(W+B) - (\pi_0^G - \pi_1^G + I)\right] \quad (1)$$

$$F_1(y) = \frac{\mathrm{d}y}{\mathrm{d}t} = y(1-y)\left[(W-C) - x(W+B)\right] \quad (2)$$

联立方程 $F_1(x) = 0$ 和 $F_1(y) = 0$,得到五个均衡点 $A(0,0)$、$B(1,0)$、$C(0,1)$、$D(1,1)$ 和 $H(x^*, y^*)$,其中,$x^* = \dfrac{W-C}{W+B}$,$y^* = \dfrac{\pi_0^G + I - \pi_1^G}{W+B}$,且 $0 \leqslant x^* \leqslant 1$,$0 \leqslant y^* \leqslant 1$。

进一步分析,政府群体与养猪户群体演化博弈的进化稳定策略 ESS 可由该系统的雅可比矩阵的局部稳定性分析得到,如图4-5所示。

表4-5 　　　　政府规制压力下养猪户环境行为演化的 ESS

状态	条件	ESS 解
Ⅰ	$\pi_0^G - (\pi_1^G - I) < 0$	$x^* = 1,\ y^* = 0$
Ⅱ	$W - C < 0$ 且 $\pi_0^G - (\pi_1^G - I) > 0$	$x^* = 0,\ y^* = 0$
Ⅲ	$W - C \geqslant 0$ 且 $\pi_0^G - (\pi_1^G - I) \geqslant W + B$	$x^* = 0,\ y^* = 1$
Ⅳ	$W - C \geqslant 0$ 且 $0 < \pi_0^G - (\pi_1^G - I) \leqslant W + B$	无

3. 演化模型影响路径

为了分析政府规制压力下养猪户环境行为的演化机理,根据 x^*、y^* 的取值情况,政府和养猪户双群体演化路径如图4-4所示。

(1)当 $\pi_0^G - (\pi_1^G - I) < 0$ 时,$B(1,0)$ 为系统演化稳定点,即(环境行为,不监管)为系统演化稳定策略,表明当养猪户选择环境行为与选择非环境行为的收益差大于0时,所有的养猪户都会实现环境行为的自然演化。演化路径如图4-4(b)中 E、F 和 K 区域所示。进一步分析可以得到:当养猪户单位生产成本的投入获得的产出较高,且绿色度达到一定值时,养猪户实施环境行为与不实施环境行为的收益差将随

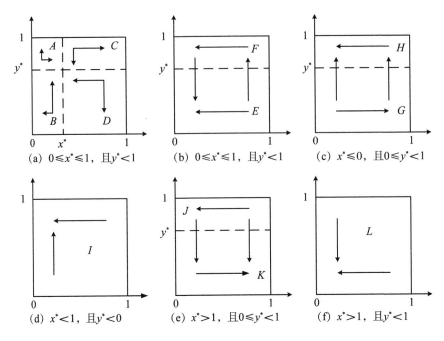

图 4-4　政府规制压力对养猪户环境行为影响的演化路径图

g_1 的变大增加，最终养猪户将全部演化为"环境行为"。另外，养猪户实施环境行为的成本越高，其收益会随之增加，养猪户追求利益最大化也将趋于实施环境行为。但是这种情况在经济欠发达地区（比如我国中西部地区）不会出现，因为在这些地区，市场上猪肉产品的环境质量水平偏低，消费者对绿色猪肉产品需求动力不足。加上清洁生产技术、资金等资源的限制，养猪户环境行为的投入成本会很高，所以单位产品的投入获得的产出往往较低，很难实现养猪户环境行为的自然演化。

（2）当 $W - C < 0$ 且 $\pi_0^G - (\pi_1^G - I) > 0$ 时，$A(0, 0)$ 为系统演化稳定点，即（非环境行为，不监管）为演化稳定策略，表明当养猪户选择环境行为与非环境行为的收益差小于 0，且政府的监管成本大于罚金时，将导致政府的不作为、养猪户放弃实施环境行为的不良结果。演化轨迹如图4-4（d）、（e）、（f）中 I、J 和 L 区域所示。当初始状态处于 II 状态时，为了推动 $\mathrm{II} \rightarrow \mathrm{III}$ 的发展，政府可以加大对养猪户的惩罚力度（W 变大），降低监管成本 C（如提高监管效率、加大网络、媒体的监督力度）。

（3）当 $W - C \geq 0$ 且 $\pi_0^G - (\pi_1^G - I) \geq W + B$ 时，$C(0, 1)$ 为系统演化稳定点，即（非环境行为，监管）为演化稳定策略，表明在绿色发展背景下，当养猪户选择环境行为与选择非环境行为的收益差小于政府的罚金和补贴之和时，即使政府具有监管的动力（$W - C \geq 0$），但政府环境规制对养猪户环境行为的演化扩散不会起到作用。演化轨迹如图4-4（c）中 G、H 所示，这种情况比较符合目前中国国情，为了避免这种情况的发生，政府要进一步加大补贴扶持力度（B 变大）和惩罚力度，来促进演化状态 $\mathrm{III} \rightarrow \mathrm{IV}$ 的发展。

（4）当 $W - C \geq 0$ 且 $0 < \pi_0^G - (\pi_1^G - I) \leq W + B$ 时，养猪户与政府两大群体之间的演化无稳定点。演化轨迹如图4-4（a）中 A、B、C、D 所示。此阶段政府与养猪户之间的博弈趋势相互依赖，为了促进养猪户环境行为的不断扩散（$x \rightarrow 1$），政府部门要审时度势，分阶段采取不同的策略。首先政府可以加大惩罚和补贴的力度（增加 $W + B$），并确保监管的概率 $y > \dfrac{\pi_0^G - (\pi_1^G - I)}{W + B}$，以此来提高养猪户环境行为演化的速率；随着采取环境行为的养猪户不断增加（x 变大），促进博弈进入到 B 区域；为了扩大 B 区域，政府再缩小罚金与监管成本之间的差距（$W - C$），并降低监管的概率（$y \rightarrow 0$），最终实现（环境行为，不监管）的演化结果。随着政府奖惩政策的调整，养猪户群体中实施环境行为的比例不断增加（$x \rightarrow 1$），最终实现向 I 状态的演化。

通过对以上四种均衡情况的比对分析，可以得到养猪户环境行为的演化路径：当初始状态是（II）时，可以按照（II）$\rightarrow$（III）$\rightarrow$（IV）$\rightarrow$（I）路径发展；当初始状态是（III）时，可以按照（III）$\rightarrow$（IV）$\rightarrow$（I）路径来发展。

通过以上分析发现，政府规制压力对养猪户环境行为具有重要的约束作用。（1）在经济发展水平相对落后的地区，由于绿色市场尚未形成，猪肉产品的绿色度相对较低，在纯粹的市场机制作用下，养猪户群体很难实现环境行为的自我演化；政府规制对养猪户群体环境行为的演化具有一定的推动作用；（2）在政府规制压力下，养猪户群体的演化结果既有可能选择"环境行为"，也有可能选择"非环境行为"，演化结果取决于环境行为与非环境行为收益差的大小。当收益差大于 0 时，所有养猪户都会实施环境行为，但是在绿色市场形成初期，由于市场上猪肉的绿色度较低，收益差较小，加上养猪户绿色养殖资源的限制，绿色养殖的投入成本 I 较高，所以很难实现养猪户环境行为的扩散；当收益差小于 0 时，政府的奖惩措施对养猪户环境行为的演化具有一定的驱动作用，但是演化的速率受到猪肉产品绿色度、政府群体的初始有限理性、收益差和政府的奖惩力度大小影响。基于以上分析结论，本书提出如下命题：

命题五：政府规制压力下环境意识越强的养猪户实施环境行为概率越大。

三、实证检验

（一）数据来源

结合课题"基于循环经济的养猪业生态产业链共生模式与绩效研究"，课题组从 2014 年 12 月到 2015 年 12 月，历经 1 年时间，对湖北省规模养猪户环境行为的实践情况、政府环境监管情况和消费者绿色猪肉消费行为进行了调查。调查区域包括湖北省武汉市、宜昌市、襄阳市、荆州市、荆门市、仙桃市、咸宁市、恩施州自治区等 8 个县市。其中养猪户环境行为的实践情况调查共发放 500 份问卷，回收有效问卷 418 份（其中养殖规模超过 30 头的养猪户有 198 户），有效回收率为 83.6%。消费者绿色猪肉产品的认知和购买意愿的调查，主要选择了在当地沃尔玛、家乐福、中商、大润发、中百、武商、好邻居等大型超市购物的消费者，共回收有效问卷 180 份。

（二）结果分析

（1）规模养猪户环境行为实践。通过对规模养猪户的问卷调查和访谈资料的整理，运用统计分析软件进行数据分析，7.61% 的规模养猪户（约 15 户）正在实施环境行为，34.52%（约 68 户，不包括已经实施环境行为的养猪户）的规模养猪户"愿意"实施环境行为，其中 22 户"非常愿意"。通过对正在实施和愿意实施环境行为的养猪户的深入访谈，我们了解到对规模养猪户环境行为演化具有较强推动作用的外部环境因素依次为政府的绿色运营补贴政策（畜禽运营场实施的税收返还、税收减免等优惠政策）占 46.47%，消费者对绿色猪肉产品的需求占 35.34%，其他农户开始实施环境行为占 30.11%。这表明目前湖北省规模养猪户实施环境行为的比例还比较低，在推动规模养猪户环境行为演化的因素中，政府的扶持和激励政策比纯粹市场机制下消费者环保需求及其他养猪户的从众压力等更为重要。同时了解到对规模养猪户环境行为演化推动作用较弱的外部因素依次为："任意排放废弃物可能导致政府环境规制方面的惩罚" 23.75%，"污染行为可能遭到网络、媒体的负面曝光" 15.08%，这也表明政府对规模养猪户环境行为的监管和惩罚力度偏低，政府监管、社会声誉等因素尚未成为规模养猪户环境行为演化的主要动力。

另外，通过调研了解到影响规模养猪户环境行为演化的制约因素依次为："选择环境行为需要投入较高的成本" 45.09%、"政府环境监管力度较弱" 37.09%（其中 29.11% 的养猪户宁愿选择政府的环境惩罚）、"生态技术学习渠道有限" 30.12%。表明目前规模养猪户环境意识和行为还比较薄弱，如果环境行为需要的成本较高，养猪户不会对环境行为给予足够的重视，往往采取末端治理的方式来满足环境管制的最低要求。加上政府的环境监管力度不严，当养猪户任意排放废弃物带来的罚款甚至小于守法成本时，将大大挫伤规模养猪户选择环境行为的积极性。

（2）消费者绿色猪肉产品的认知和购买意愿。基于对消费市场的调查了解到，消费者对带有绿色标示的猪肉产品的认知程度如下：67.07%的消费者认为"绿色猪肉生产对改善周围环境的作用非常大或者比较大"，仅有9.25%的消费者认为改善作用比较小、非常小和不清楚，说明消费者对实施环境行为在改善农村环境作用的认知程度还是比较高的；在环境行为和绿色猪肉产品的信息关注方面，69.17%的消费者选择关注过，在没有选择关注过的消费者中，68.53%的消费者选择了"相关信息来源少以至于想了解而没有相关的渠道"。

在调查消费者绿色猪肉购买意愿时，采用半双阶二分选择法询问消费者在给定价格时是否愿意选择购买绿色猪肉，当绿色猪肉与普通猪肉价格一样为14元/斤时，95.64%的消费者表示愿意选择购买绿色猪肉产品，4.36%的消费者没有选择购买绿色猪肉产品的原因，一方面是受自身过去消费习惯和购买行为的影响，另一方面是对绿色猪肉产品的信任度不高。对198名在初始价格14元/斤下愿意选择购买绿色猪肉的消费者，继续询问其在给定随机价格下是否愿意选择购买绿色猪肉，消费者的购买意愿如表4-6所示。

表4-6　　　　随机价格下消费者购买绿色猪肉产品的情况

绿色猪肉价格（元/斤）	调查人数	选择购买人数	比例（%）
15	30	28	93.33
16	30	23	76.67
17	30	19	63.33
18	30	13	43.33
19	30	9	30.00
20	30	3	10.00

可见，虽然消费者的环保意识正在增强，但是在收入水平相对较低的情况下，随着绿色猪肉价格的提高，消费者关注和购买绿色猪肉产品

的人数不断减少。加上政府对环境污染事件的惩罚力度相对较轻，大多数规模养猪户缺乏实施环境行为的压力和动力。当然，一些规模养猪户为实施产品差异化竞争策略，为推动国内消费者对绿色猪肉产品的潜在需求，开始率先实施环境行为，如湖北山林生猪运营基地"猪-沼-X（茶、果、玉米、水稻、蔬菜等"绿色经营模式，湖北夷陵运营基地"农户+基地+冷链配送"绿色供应链养殖模式，武汉江夏金林原种畜牧基地"零排放"运营模式，宜昌正大畜牧有限公司猪-沼-发电+有机肥生态经营模式，但其比例相对较低，难以达到所有规模养猪户环境行为自然演化结果的阈值。

（3）环境管制下规模养猪户绿色运营模式的演化。通过对15家规模养猪户的回访调查，规模养猪户在实施环境行为的过程中，每单位绿色猪肉产品的成本平均增加3.77元，扣除消费者每单位绿色猪肉产品支付意愿增加的2.57元，每单位绿色猪肉产品实际成本增加1.20元（忽略政府罚款对猪肉产品成本的影响）。政府对每单位绿色猪肉产品的补贴约为成本的5.84%。虽然这些规模养猪户已经拥有一定的消费者和社会声誉，但其单位生产成本大于其他普通养猪户的生产成本，结合对一些环境管理部门的调研，可以认为目前湖北省规模养猪户环境行为的演化满足 $W - C < 0$ 且 $\pi_0^G - (\pi_1^G - I) > 0$ 的条件，得到 $x^* > 1$，$y^* < 0$，易知目前政府群体和规模养猪户群体之间的博弈处于状态Ⅱ中的L区域，如图4-3（f）所示。在当前情况下，政府不仅需要加大对规模养猪户监管和惩罚的力度，更重要的是加大对规模养猪户的扶持和激励力度，以此推动状态Ⅱ向状态Ⅲ、Ⅳ甚至状态Ⅰ的演化。

四、研究框架的提出

通过第三章探索式案例分析，本书从构念层面得到了绿色发展制度压力、环境意识对养猪户环境行为预设影响关系模型，从理论上诠释了"制度压力→环境行为""环境意识→环境行为"两种关系的内在作用机理。通过第四章演化博弈分析,本书从成本效益视角分析了外部不同制度因素(政府规制压力、社会规范压力、邻里效仿压力)、内部成本收益认知因素(追求效益、规避风险)对养猪户环境行为的驱动机理。从理论上诠释了"制度压力→环境行为""制度压力→环境意识→环境行为"两种关系的内在作用机理,也进一步验证和丰富了第三章提出的绿色发展制度压力、环境意识对养猪户环境行为影响预设关系模型。综合第三章和第四章的研究结论和提出的五个研究命题,我们提出了本书的研究框架,具体如图4-5所示。从图4-5可以看出,本书提出的研究框架实现了外部制度因素、内部环境认知因素在养猪户环境行为影响因素中的融合分析,为权变分析绿色发展制度压力与养猪户环境行为的关系提供了新思路。

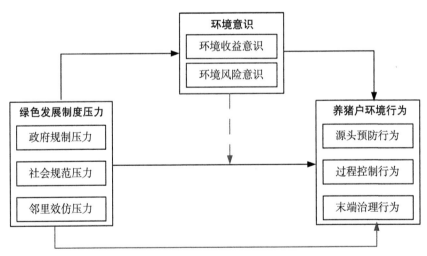

图4-5 绿色发展制度压力、环境意识与养猪户环境行为关系模型

接下来,本书需要进一步探讨的问题是:第一,绿色发展制度压力不同维度之间的协同与冲突对养猪户环境行为是否存在影响?本书识别的三种绿色发展制度压力(政府规制压力、社会规范压力和邻里效仿压力)之间可能存在协同和冲突,未来研究可进一步探讨。例

如，周围养猪户之间之所以在环境行为上相互效仿，一个重要的原因是政府推动，说明政府的规制压力和邻里效仿压力交互可能会影响养猪户环境行为。第二，养猪户环境意识在绿色发展制度压力与环境行为之间是否具有调节和中介作用？首先，通过演化博弈分析，我们分析绿色发展制度压力和养猪户环境意识之间可能存在共演，绿色发展制度压力可能会提升养猪户环境意识，反之，养猪户对环境问题的认知差异也可能会影响不同制度实施的效果。这样，养猪户环境意识可能在绿色发展制度压力与环境行为之间充当中介作用。其次，通过探讨式案例分析，我们发现绿色发展制度压力对养猪户的影响取决于养猪户对政府规制、社会规范的解读，养猪户环境意识对于解读不同制度压力具有影响作用，因此，环境意识越高，绿色发展制度压力与养猪户环境行为之间的关系可能越强。再次，农户个体特征、农户经营特征以及农户的区域位置特征等变量在制度压力与养猪户环境意识、养猪户环境行为之间是否存在调节作用？因为不同特征的养猪户对政府规制、社会规范的解读存在差异，最终可能会影响到环境行为的选择。针对上述问题，本书第五章、第六章和第七章将通过实证研究和大样本数据进行检验。

五、本章小结

本章运用演化博弈模型从维度层面进一步剖析了政府规制压力、社会规范压力、邻里效仿压力对养猪户环境行为的驱动机理。主要研究结论如下：

一是绿色发展制度压力和环境意识是养猪户环境行为两大驱动因素，养猪户环境行为是由外部制度环境因素和内部心理因素相互影响、相互作用的结果，是一个不断调整、不断演化的动态过程。二是通过演化博弈模型分析，从维度层面进一步剖析不同绿色发展制度压力（规范压力、规制压力和效仿压力）对养猪户环境行为形成的影响机制，研究结果表明：社会规范压力定义养猪户环境行为决策具有重要的引导作用；邻里效仿压力对养猪户环境行为具有重要的诱导作用；政府规制压力对养猪户环境行为具有重要的约束和激励作用。三是结合第三章研究结论，从理论上构建本书的研究框架，为后面章节的实证研究提供理论基础和关系逻辑。

第五章 绿色发展制度压力对养猪户环境意识影响机制实证研究

通过第三章和第四章的分析我们发现，绿色发展制度压力和养猪户环境意识是影响养猪户环境行为的重要因素。前者刻画了外部环境制度主体对环境的重视程度；后者刻画了养猪户对环境污染行为带来的潜在风险认知以及环境行为可能带来的潜在收益认知程度。同时，养猪户环境意识在一定程度上反映出养猪户对政府规制、社会规范的解读能力。本章将演绎前两章得出的研究结论和研究命题，探讨绿色发展制度压力不同维度对养猪户环境意识的影响机制，并以浙江省和湖北省的256家规模养猪户为样本，通过实证研究检验绿色发展制度压力与养猪户环境意识之间的关系，并探讨农户人口统计学变量在两者间的作用机理。

一、问题提出

唐学玉（2013）构建了农户环境行为认知（环境意识）–行为决策（环境保护意愿）–行为采纳（环境行为）关系模型。不难看出，相关学者的研究都隐含了"农户所处的外部环境是一致的和稳定的"假设，事实上，农户环境行为都是在一定环境条件下发生的（王海涛，2012b）。那么接下来从理论层面需要深化的问题是：

第一，绿色发展制度压力对养猪户环境意识和环境行为产生影响吗？不同的制度压力对养猪户环境意识和环境行为影响的内在机制存在区别吗？前面我们根据新制度理论将外部制度压力分为三种，分别是政府规制压力、社会规范压力和邻里效仿压力。我们认为不同类型的制度压力影响养猪户环境意识和环境行为的机制是不一样的；同时，结合探索性案例分析和实地调研我们发现，社会规范压力和邻里效仿压力对养猪户环境意识和环境行为的诱导不能被忽视。

第二，不同类型的绿色发展制度压力对养猪户环境意识不同维度影响机制存在差异吗？本书将养猪户环境意识划分为环境收益意识和环境风险意识，环境收益意识反映了养猪户的价值导向（赚钱意识），而环境风险意识反映了养猪户的价值观（道德、责任意识）。结合探索性案例分析和实地调研我们也发现，面对绿色发展制度压力，一部分环境意识较强的养猪户，能感知到环境制度所传递的环保压力，进而可能采取积极主动的策略从源头上采取行为降低养猪业对环境的污染（道德、责任意识），另一部分环境意识较弱的养猪户由于缺乏解决环境问题的经历，所以很难意识到环境行为的潜在好处（比如养殖废弃物循环利用带来的经济效益等），也就很难引起高度重视（赚钱意识）。因此，绿色发展制度压力对养猪户环境收益意识和风险意识的影响机制可能存在差异。

第三，农户人口统计学变量在绿色发展制度压力与农户环境意识之间扮演了什么样的角色？张晖等（2011），何如海等（2013），潘丹和孔凡斌（2015）等学者解释了农户人口统计学变量对农户环境意识的影响机制，但遗憾的是，现有的研究没有同时考虑农户人口统计学变量对农户环境收益意识和风险意识的影响。

因此，本章将在借鉴前人相关研究成果的基础上，通过实证研究，探讨三种绿色发展制度压力对养猪户环境意识及其不同维度的影响机制，并检验农户人口统计学变量在其间的作用机理。

二、研究假设与概念模型

（一）政府规制压力与养猪户环境意识的关系假设

政府规制压力（Government Regulation）主要是指国家行政部门所

颁布的、有利于社会稳定和秩序保持的法律、政策、规则等要素对个体或组织形成的约束力与影响力（Scott，1995）。政府规制压力具有强制性，它遵循"工具性逻辑"（Scott，2001）。

政府规制压力对养猪户环境意识的影响逻辑如下：一方面，政府出台的绿色发展环境规制政策越严厉，对养猪户环境问题监管越严和惩罚越强，就越会引起养猪户对环境问题的重视，特别是对环境污染的重视，养猪户会主动关注环境法规方面的信息，进而提高环境问题认知水平（Oenema，2004）。另一方面，政府的绿色发展激励性规制政策越完善，也会让养猪户意识到环境行为是有利可图的，有助于降低养猪户环境行为的经营风险，进而提高养猪户环境行为的收益意识。上述逻辑也得到了相关研究的支持。杜斌等（2014）、吴林海等（2015）实证研究表明，加大政府规制力度，能够提高养猪户质量安全意识。张郁等（2016）实证研究表明，政府环境监控的力度显著影响养猪户的环境风险感知。徐志刚等（2016）通过对家禽养殖户的调查发现，政府激励性政策能够强化养猪户的环境意识，在一定程度上可以诱导养猪户自觉实施环境行为。据此，我们提出如下假设：

H5-1：政府规制压力对养猪户环境意识具有显著正向影响。

（二）社会规范压力与养猪户环境意识的关系假设

社会规范（Social Norms）是人们在改造社会的长期实践中形成的适应性行为模式，是一种自主治理制度（庄平，1988；徐志刚等，2016）。社会规范压力（Social Norm Pressure）主要通过地区文化、价值观、规范信念和行为假设中形成的共享概念和意义准则来约束农户生产行为（Scott 和 Willits，1994）。社会规范压力不具备强制性，但具有约束性，它遵循"适当性逻辑"（Scott，2001）。

社会规范压力对养猪户环境意识的影响逻辑如下：一方面，社会规范压力传递的文化、价值观和规范信念等，能够帮助养猪户形成社会所期望的价值观念，提高养猪户的环境问题认知水平（唐学玉，2013）。另一方面，社会规范压力通过电视、广播、报纸和互联网等方式将社会公众对养猪户承担社会责任和履行社会义务的要求传递给养猪户，让养猪户意识到非环境行为可能导致的道德风险。上述逻辑也得到了相关研究的支持。徐志刚等（2016）、王火根和李娜（2017）实证研究表明，个人对社会规范的关注程度越高，养猪户违反社会准则的成本就越高，养猪户就有越强的动机遵守社会规范、自我约束污染物丢弃行为。据此，我们提出如下假设：

H5-2：社会规范压力对养猪户环境意识具有显著正向影响。

（三）邻里效仿压力与养猪户环境意识的关系假设

邻里效仿压力（Neighborhood Imitation）是指个体或组织通过对外在环境的理解和认识，采取的共享一致行为，邻里效仿压力也是一种自主治理制度（Scott，2001）。邻里效仿压力（Neighborhood Imitation Pressure）主要通过周围"典型农户"的示范行为对农户产生模仿诱导（Cassidy，2013；郑黄山等，2017）。邻里效仿压力既不具有强制性，但具有互惠性，它遵循"正统性逻辑"（Scott，2001）。

邻里效仿压力对养猪户环境意识的影响逻辑如下：一方面，我国农村居民具有明显的"从众心理"（Conformist Mentality），在农户社会网络中，当周围农户通过环境行为获得较好的经济效益和生态效益时，周围其他农户会去模仿和效仿。另一方面，典型农户（行业典范）的示范作用、重要农户（如党员、村干部）的表率作用，为周围其他农户提供了学习标杆和模仿最佳养殖方式的机会，有助于绿色养殖技术的推广和扩散，促进知识溢出，降低养猪户环境行为的风险。上述逻辑也得到了以往相关实证研究的支持。如郑黄山等（2017）实证研究表明，农村熟人社会中从众、攀比和法不责众心理对养猪户环境意识具有显著的影响；黄炜虹等（2016b）实证研究表明，创造生态文明型社区环境，营造环境友好的农村社区氛围，能够有效促使农户积极采纳环境行为。据此，我们提出如下假设：

H5-3：邻里效仿压力对养猪户环境意识具有显著正向影响。

（四）人口学变量对养猪户环境意识的影响假设

1. 农户个体特征的影响作用

国外学者实证研究表明，在农户个体特征中，性别、年龄和教育水平等个体因素对环境意识形成具有显著影响作用，其中年轻人，尤其是女性和文化程度较高的人，其环境意识水平更高（Guttelingl 和 Wiegman，1993；Hunter 等，2004；Tadesse，2009）。而国内学者周锦和孙杭生（2009）、宋言奇（2010）认为，中国发达地区 40 岁以下的农民、男性农民和受过高中以上教育的农民，其环境意识水平更高。

前人的理论分析和研究结果显示：农户个体特征差异会导致农户对信息的加工处理能力的差异，进而会影响农户的环境认知能力和环境意识水平。(1) 在性别方面：由于受中国"男主外、女主内"传统思想的影响，女性主要负责家庭照顾等工作，对生活环境方面有更高的意识水平，但在生产环境方面意识水平相对较低；男性更多地从事生产相关的活动，对生产活动中人与环境关系的认识更清楚，具有更高的生态环境意识水平。因此本书推测，男性比女性具有更高的生态环境意识；(2) 在年龄方面，年轻农户接受新生事物的能力更强，对畜禽污染、食品质量安全问题及改进措施等都表现出更高的认识能力。因此本书推断，年龄越小的养猪户，其环境意识水平越高；(3) 在受教育程度方面，通常文化程度较高的人，掌握的知识越丰富，学习与理解能力越强，其对环境污染问题的认知越深刻。因此本书假设，受教育程度越高的养猪户，其环境意识水平越高，反之，环境意识水平越低。据此，我们提出如下假设：

H5-4：农户个体特征变量对养猪户环境意识具有显著的影响。

H5-4a：性别对养猪户环境意识具有显著的影响。

H5-4b：年龄对养猪户环境意识具有显著的影响。

H5-4c：受教育程度对养猪户环境意识具有显著的影响。

2. 农户经营特征的影响作用

农户经营特征主要包括农户饲养规模、养殖年限、养殖收入占比和是否合作社成员。朱启荣（2008）通过对养殖专业户的药品添加剂使用安全意识及其影响因素的实证分析说明，绝大多数养猪户的安全意识较薄弱，其药品添加剂安全使用意识受到饲养规模、养殖年限等因素的影响。刘军弟等（2009）通过对养殖户疫病防治意愿及其影响因素的实证研究表明，养猪户饲养规模、养殖收入占比、是否参与产业化组织等外部因素对其防疫意识有显著影响。周力和薛莘绮（2014）实证研究表明，参加合作社的养猪户获得的信息渠道更多，其环境意识水平相对更高。据此，我们提出如下假设：

前人的理论分析和研究结果也显示：农户经营特征差异会影响农户的环境认知能力和环境意识水平。（1）在饲养规模方面，饲养规模往往反映一个养猪户养殖能力和资源拥有水平，通常饲养规模大的养猪户，家庭成员个人能力更强、信息渠道更广、市场化程度更高，对新生事物的理解和接受能力也更强；同时，饲养规模越大的养猪户，承担的养殖风险也越高（王海涛，2012b）；（2）在养殖年限方面，养殖年限越长的养猪户，受传统思想影响更大，其环境意识水平更低（Mccann 等，1997）；（3）在养殖收入占比方面，养猪户养殖收入占比越高，说明养猪户的环保投入越集中，其对养猪的重视以及认知程度越高，其环境意识水平越高（Buttel 和 Flinn，1974；崔小年，2014）；（4）在是否合作社成员方面，参加合作社的养猪户获得的信息渠道更多，其环境意识水平相对更高（周力和薛莘绮，2014；张郁等，2017）。据此，我们提出如下假设：

H5-5：农户经营特征变量对养猪户环境意识具有显著的影响。

H5-5a：饲养规模对养猪户环境意识具有显著的影响。

H5-5b：养殖年限对养猪户环境意识具有显著的影响。

H5-5c：养殖收入占比对养猪户环境意识具有显著的影响。

H5-5d：是否合作社成员对养猪户环境意识具有显著的影响。

3. 农户地理区位特征的影响作用

地理区位特征反映了个体居住地类型差异。在环境意识的研究中，地理区位特征常常作为一个影响环境意识的因素来考虑。Inglehart

（1990）实证研究表明，一个地区的经济越发达，居民的环境意识水平也会越高。国内学者聂伟（2014）在研究中国居民环境意识时发现，中国居民环境意识存在差异，城市居民感受到的环境问题更为严重，环境意识水平相对更高，主要原因是地理区位特征差异，导致居民对信息加工处理能力的差异，进而会影响其环境认知水平（范叶超和洪大用，2015）。

前人的理论分析和研究结果也显示：农户地理区位特征差异会导致农户对信息的加工处理能力的差异，进而会影响农户的环境认知能力和环境意识水平。浙江省和湖北省不仅存在地理位置上的差异，而且在经济条件、污染水平、社会文化形态方面都存在差异。浙江省人均GDP明显高于湖北省人均GDP。因此，本书推断浙江省养猪户的环境意识水平更高。据此，我们提出如下假设：

H5-6：农户地理区位特征对养猪户环境意识具有显著的影响。

三、研究设计与方法

（一）测量量表设计

问卷设计（Questionnaire Design）是依据调研与预测的目的，开列所需了解的项目，并以一定的格式，将其有序地排列，组合成调查表的活动过程（李俊，2009）。问卷设计质量的好坏将直接影响到调查数据质量。为了保证问卷的良好质量，本书首先在文献回顾、探索式案例分析和演化博弈分析的基础上，提出了本书核心问题，识别关键研究变量，构建理论关系模型；其次，初步确定各个变量的测量维度，并参考国内文献和已有成熟量表，围绕本书的核心问题和所要测量的变量来进行设计；再次，通过专家咨询、规模养猪户访谈的方式开展预调研，再根据预调研情况，适当修正初始问卷，删除无效题项或调整表述不清的题项；最后，形成本研究的正式调查问卷，进而开展正式调研。

本书测量量表包括4大部分，即养猪户基本信息量表、养猪户感知的绿色发展制度压力量表、养猪户环境意识量表和养猪户环境行为量表。其中，养猪户基本信息采用填空、单选或多选的判断选择形式，养猪户感知的绿色发展制度压力量表和环境意识量表则采用李克特的 5 点式测量形式。具体详见附录 B 所示。

1. 养猪户基本信息量表设计

养猪户基本信息量表设计主要参考了程亦清（2010）、王松伟（2011）、张玉梅（2015）、张郁等（2016）等学者对养猪户环境行为的相关研究，共设计了个体特征和猪场经营特征等 8 个相关题项。同时，参考《全国农产品成本收益资料汇编》中对生猪饲养规模的界定设计饲养规模的题项。养猪户基本信息量表答题形式主要采用填空式、单选式为主，涉及测量题项及参考文献来源如表 5-1 所示。

表 5-1　　　　　　养猪户人口统计变量测量题项及文献参考

变量名称	题项代码	测量题项	参考文献来源
养殖户 个体特征 （FIC）	XB	性别	程亦清（2010） 王松伟（2011） 张玉梅（2015） 张郁（2016） 闵继胜（2014）
	NL	年龄	
	JY	受教育程度	
养殖户 经营特征 （FOC）	SY	养殖收入占比	
	SJ	养殖年限	
	GM	饲养规模	
	ZZ	合作社成员	
地理区位特征（FGC）	QY	区位差异	

2. 绿色发展制度压力量表设计

为了避免量表中题项的设置重复，本书在理论分析和文献综述的基础上，将养猪户感知的绿色发展制度压力划分为政府规制压力、社会规范压力和邻里效仿压力三个维度。同时，借鉴了张丽军（2009）、郭晓（2012）、虞祎（2012b）、崔小年（2014）和张董敏（2016）等学者的相关研究成果，共设计了 13 个评价绿色发展制度压力的题项。答题形式均采用李克特5级量表评价法,其中1表示"完全不同意"、2表示"比较不同意"、3表示"一般"、4表示"比较同意"、5表示"完全同意"。具体测量题项及参考文献如表5-2所示。

表5-2 绿色发展制度压力量表测量题项及文献参考

变量名称	题项代码	测 量 题 项	参考文献来源
政府 规制压力 GRP	GRP1	当地政府对绿色发展政策的宣传很多	
	GRP2	当地政府对猪场污染的监管力度很大	
	GRP3	当地政府对猪场污染的惩罚力度很大	
	GRP4	当地政府对绿色养殖的补贴支持力度很大	
社会 规范压力 SNP	SNP1	当地村民都很重视生猪养殖绿色转型问题	张丽军(2009) 郭晓(2012) 虞祎(2012b) 崔小年(2014) 张董敏(2016)
	SNP2	本地消费者对猪肉产品质量安全的关注度高	
	SNP3	本地居民向您抱怨猪场污染时会采取措施	
	SNP4	本地居民会积极举报猪场污染事件	
	SNP5	本地媒体会积极曝光猪场污染事件	
邻里 效仿压力 NIP	NIP1	本地养殖企业在绿色生产上起到了示范作用	
	NIP2	本地养殖户(企业)带头履行环境责任	
	NIP3	本地采用生态养殖的养殖户多,会跟随大众	
	NIP4	本地养殖户在处理养殖废弃物方面都很积极	

3. 养猪户环境意识量表设计

环境意识是一个综合性的概念,它从不同角度反映了个体对环境问题的认知水平。本书设计的养猪户环境意识量表,主要是反映养猪户对环境污染与环境保护问题的认知程度和认知水平,是养猪户对人与环境之间的主观反映。结合前面理论分析和探索式案例分析,本书借鉴 Gadenne(2009)关于环境意识的定义,将养猪户环境意识变量划分为环境收益意识和环境风险意识2个不同维度。同时借鉴 Dunlap 等(2000)、孟祥海等(2014)、易泽忠(2012)、张晖等(2011)、唐素云(2014)等人的相关研究成果,共设计了10个评价养猪户环境意识测量题项。答题形式均采用李克特 5 级量表评价法，其中 1 表示"完全不同意"、2 表示"比较不同意"、3 表示"一般"、4 表示"比较同意"、5 表示"完全同意"。具体测量题项及参考文献如表 5-3 所示。

表 5-3 养猪户环境意识测量题项及文献参考

变量名称	题项代码	测 量 题 项	参考文献来源
环境风险意识 ERA	ERA1	生猪养殖对农村生态环境带来了不良影响	Dunlap 等（2000）孟祥海等（2014）易泽忠（2012）张晖等（2011）唐素云（2014）
	ERA2	生猪养殖污染会影响农作物和畜禽生产	
	ERA3	不安全猪肉产品会损害消费者身体健康	
	ERA4	发生畜禽疫病会给生猪养殖带来很大风险	
	ERA5	实施生态生产能有效降低生猪养殖风险	
环境收益意识 EBA	EBA1	把粪便处理后用作肥料的经济效益很好	
	EBA2	用粪便生产沼气的经济效益很好	
	EBA3	把粪便处理后用作饲料的经济效益很好	
	EBA4	采取生态生产方式要比普通养殖的综合收益高	
	EBA5	绿色有机猪肉产品的未来市场潜力较大	

（二）预调研与问卷修正

为保证问卷具有良好的信度和效度，本书主要采用主观检验法对初始问卷进行检验。

首先，将设计好的初始问卷先后发给 16 个博士和硕士研究生进行检验，主要测试问卷的阅读耗时情况，是否有不清楚的概念、语句，语言是否简练易懂，题项答案是否合理全面等情况，并根据测试情况进行第一阶段的修改完善。

其次，我们走访了 10 户生猪养殖专业户，与他们一对一地进行深入交流沟通，并填写问卷，记录下养殖户在填写问卷中遇到的概念不清、语句不顺和答案不全等方面的问题，在听取养殖户意见的基础上，对问卷进行第二阶段的修改完善。

最后，邀请6位农业经济管理领域的专家对问卷进行批判，对各变量的科学合理性及其逻辑关系进行审查论证，对问卷题项进行第三阶段的修改完善，最终形成正式的调查问卷。

（三）样本选择与数据收集

1. 样本选择

本书选择在浙江省和湖北省两省4个市区县对养猪户开展正式调研，之所以选择这两个省份，主要基于以下原因：

第一，浙江是我国东部经济发达地区，其养殖模式和养殖技术处于全国领先地位，尤其是2013年发生死猪漂浮事件后，浙江省政府联合相关职能部门开展了养猪业专项整治行动，围绕私屠滥宰、病死动物无害化处理、饲料中非法添加兴奋剂等涉及法律法规的问题进行集中整治，并提出凡是整治不到位一律关停、凡是禁养区内一律取缔、凡是限养区内违规超量一律查处、凡是宜养区内超标排放一律处罚的"四个一律"标准规范，致使大部分散养户退出，养殖户的绿色养殖趋势明显。湖北位于我国中部地区，属于传统的生猪养殖大省，近年来，在《绿色畜牧业发展规划》、"三区"规划方案、"禽禁养区专项整治行动"等一系列政策的推进下，湖北生猪养殖户向规模化、标准化快速发展。

第二，浙江和湖北均属于南方水网地区，也是环境敏感区，环境保护压力大。2016年农业部制定的《全国生猪生产发展规划（2016—2020年）》中，把湖北和浙江划为约束发展区，在国家约束发展的前提下，两省都要着力于优化区域布局、加快生猪产业转型升级、推进标准化养殖和促进养殖废弃物综合利用，对养殖户的行为转变提出了更高要求。目前，南方水网地区养殖业转型升级和绿色发展取得初步成效，制度体系、政策体系、技术体系和工作机制初步建立。

第三，浙江省和湖北省在经济发展水平、政策激励约束、养殖户综合素质等方面存在一定差异。选取这两个区域可以突出政府规制压力和经济发展水平等因素的差异对养殖户环境行为的影响。

2. 数据收集

为了确保数据收集的准确性和科学性，我们在实地调查前，对调查组成员进行了 3 次集中培训，让调查人员明确调查目的、熟悉调研问卷、了解调研计划流程、注意调研过程中可能出现的问题及确保人身安全等。然后深入了解每个研究区域的养猪户环境行为实施情况，调查组采用入户访谈、问卷调查等方式进行实地调查。最后采用分层随机抽样方法进行调查样本的抽取，从样本区域中按照所需样本量进行养猪户的调查。

2018 年 6 月 10 日—6 月 25 日，调查小组（成员共 9 人）到浙江省和湖北省进行了正式调研。整个调查共发放问卷 403 份，最终我们得到的有效问卷数为 377 份，回收有效率为 93.55%。为了研究需要，我们从 377 份有效问卷中筛选出饲养规模在 226 头以上的中大规模养户（场），最终得到研究样本问卷 256 份，其中，浙江省龙游县 92 份、浙江省兰溪市 60 份、湖北省松滋市 61 份、湖北省枝江市 43 份。具体抽样调查结果如表 5-4 所示。

表 5-4 有效调查样本分布

序号	省、县（市）	镇（村）	调研养猪户户数
1	浙江省龙游县 （92 份）	模环乡	30
		小南海镇	22
		詹家镇	11
		东华街道	18
		龙洲街道	11
2	浙江省兰溪市 （60 份）	水亭乡	31
		游埠镇	24
		梅江镇	5

续表

序号	省、县（市）	镇（村）	调研养猪户户数
3	湖北省松滋市（61 份）	松滋市老城镇	6
		浣市镇	16
		八宝镇	26
		南海镇	13
4	湖北省枝江市（43）份	董市镇	16
		顾家店镇	14
		仙女镇	9
		安福寺镇	4
合计	2 省 4 县（市）	16 镇（乡）	256 户

（四）变量的描述性统计分析

描述性统计分析是用数学语言概括和解释样本的特征或者样本各变量间关联特征的方法（李金昌和程开明，2008）。描述性统计分析是相关分析、回归分析和结构方程分析前的准备性工作，有助于将众多数据融合在一起，形成对数据集合新的认识。本节的描述性统计内容主要包括农户特征、绿色发展制度压力和养猪户环境意识。

1. 样本特征的描述性统计分析

表 5-5 是样本基本特征的统计情况。调查样本有以下基本特征：

第一，调查样本中，男性养猪户为 228 人，占样本总量的 89.1%；女性养猪户为 28 人，占样本总量的 10.9%。反映了目前我国农村男性养猪户是经营主体。同时，在调查过程中，大多是男性户主填写问卷，也说明目前我国农村地区男性一家之主的意识还是比较重，这将对养猪户环境行为决策带来一定影响。

第二，在调查样本中，40 岁及以下的养猪户为 42 人，占样本总量的 16.4%，41~50 岁的养猪户为 129 人，占样本总量的 50.4%，51~60 岁的养殖户为 72 人，占样本总量的 28.1%，可以看出，目前我国农村养猪户以中壮年为主。

第三，在调查样本中，具有小学及以下文化程度的养猪户为24人，占样本总量的9.4%；具有初中文化程度的养猪户为108人，占样本总量的42.2%；具有高中/职中/中专文化程度的养猪户为96人，占样本总量的37.5%，具有大专及以上文化程度的养猪户为28人，占样本总量的11%。反映养猪户文化水平普遍较高，基本具备学习国家政策和绿色养殖技术的能力。

第四，在调查样本中，养殖收入占家庭收入比重80%以上的养猪户有179人，占样本总量的69.9%，养殖收入占家庭收入比重低于80%的养猪户有77人，占样本总量的30.1%，反映出超过一半的养猪户养殖收入是家庭收入的主要来源，生猪养殖是其主要的家庭生产活动。

第五，在调查样本中，养殖年限在5年以下的养猪户为31人，占样本总量的12.1%；养殖年限在5~9年的养猪户为82人，占样本总量的32%；养殖年限在10~14年的养猪户为63人，占样本总量的24.6%；养殖年限在15年以上的养猪户为80人，占样本总量的31.3%。反映出，目前我国农村养猪户养殖经验比较丰富，而且通过调查了解到，随着养殖年限的增加养猪户的规模不断扩大。

第六，在调查样本中，饲养规模在226~499头的有94户，占样本总量的36.7%；饲养规模在500~999头的中等养猪户有74户，占样本总量的28.9%；饲养规模在1000头以上的大养猪户为88户，占样本总量的34.4%。说明调查区域养猪户主要以中大养猪户为主，生猪饲养规模化发展趋势比较明显。

第七，在调查样本中，没有参与合作社或协会的养猪户有114人，占样本总量的44.5%；只有142人参与合作社或协会，占样本总量的55.5%。说明在调查区域，超过半数的养殖场是通过合作组织来获取养殖信息、技术和服务的。

第八，在调查样本中，生猪交易方式采用市场交易的有207人，占样本总量的80.9%；采用屠宰加工企业定点收购的有17人，占样本总量的 6.6%；采用合作社统一收购的有 32 人，占样本总量的 12.5%。说明在调查区域，传统的市场交易方式占据主导，生猪供应链纵向合作关系有待加强。

表 5-5　　　　　　　　样本基本特征及其分布情况

变量名称	测量指标	指标特征	样本量	百分比	累计百分比
养猪户个体特征	性别	男	228	89.1%	89.1%
		女	28	10.9%	100%
	年龄	30 岁以下	4	1.6%	1.6%
		31~40 岁	38	14.8%	16.4%
		41~50 岁	129	50.4%	66.8%
		51~60 岁	72	28.1%	94.9%
		61 岁以上	13	5.1%	100.0%
	受教育程度	小学及以下	24	9.4%	9.4%
		初中	108	42.2%	51.6%
		高中/中专	96	37.5%	89.1%
		大专	24	9.4%	98.4%
		本科及以上	4	1.6%	100.0%
养猪户经营特征	养殖收入占比	100%	93	36.3%	36.3%
		80%~99%	86	33.6%	69.9%
		60%~79%	42	16.4%	86.3%
		60%以下	35	13.7%	100%
	养殖年限	5 年以下	31	12.1%	12.1%
		5~9 年	82	32%	44.1%
		10~14 年	63	24.6%	68.7%
		15 年以上	80	31.3%	100%
	饲养规模	226~499 头	94	36.7%	36.7%
		500~999 头	74	28.9%	65.6%
		1000 头以上	88	34.4%	100%

续表

变量名称	测量指标	指标特征	样本量	百分比	累计百分比
养猪户 经营特征	合作社 参与	是	142	55.5%	55.5%
		否	114	44.5%	100.0%
	生猪交易 方式	市场交易	207	80.9%	80.9%
		企业收购	17	6.6%	87.5%
		合作社收购	32	12.5%	100.0%

2. 绿色发展制度压力的测量指标与描述性统计分析

（1）政府规制压力描述性统计

从表 5-6 中可以看出，反映政府规制压力的 4 个题项中，政府的宣传制度（GRP1）、政府的监管制度（GRP2）、政府的惩罚制度（GRP3）的均值较高、标准差较小，说明调查样本中大多数养猪户认为政府的惩罚性规制和服务性规制力度较大。而反映政府激励制度的题项"当地政府对绿色养殖的补贴支持力度很大（GRP4）"均值为 2.978、标准差为 1.160，表明调查区域政府绿色养殖的激励支持力度还比较小，且调查样本中养猪户对这一问题的看法存在差异，可能是由于湖北省和浙江省不同区域补贴政策差异引起的。

表 5-6 政府规制压力描述性统计

潜变量	测量题项	均值	标准差	均值排序
GRP	GRP1	4.543	0.771	2
	GRP2	4.617	0.753	1
	GRP3	4.320	0.937	3
	GRP4	2.978	1.160	4

为了进一步了解政府补贴政策的实施情况，问卷中题 4-17 测量了政府补贴政策的实施情况（多选）。

从图 5-1 可以看出：获得了政府提供的"病死猪处理补贴"（其中猪仔 30 元/头、成年猪 80 元/头、成品猪 160 元/头、繁育母猪 1000 元/头）的养猪户最多，共有 207 户，占样本总量的 80.9%；获得政府免费提供的"畜禽防疫补贴"的养猪户有 144 户，占样本总量的 56.3%；获得政府提供 1000~40000 元不等的"沼气池补贴"的养猪户有 127 户，占样本总量的 49.8%；获得了政府提供的"有机肥补贴"的养猪户有 116 户，占样本总量的 45.5%；获得政府提供的"生猪良种补贴"的养猪户有 109 户，占样本总量的 42.7%；获得政府提供的"标准化养殖场建设补贴"的养猪户最少，仅有 54 户，占样本总量的 21.1%。这些补贴政策的实施在一定程度上鼓励了养猪户从"源头控制"上进行规范操作，但是"生猪良种补贴""畜禽防疫补贴""沼气池补贴""标准化养殖场建设补贴"和"有机肥补贴"的支持力度明显不够，还有待进一步加强。

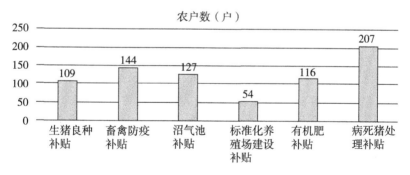

图 5-1 政府补贴政策实施情况

为了进一步了解政府服务性规制实施情况，问卷中题 4-18 统计了政府组织的技术培训情况（多选），通过对样本数据的计算可知：2015 年平均每家养猪户参加政府组织的培训次数为 2.77 次，明显偏低。图 5-2 也给出了政府服务性规制实施差异情况，从图 5-2 中可以看出，有 49.2%和 49.6%的养猪户参加了政府组织的养殖技术培训和指导活动，但是政府为养猪户环境行为提供的税收优惠政策、土地租赁政策和贷款优惠政策力度明显不够，在一定程度上可能制约了养猪户环境行为的选择与实施，有待实证检验。

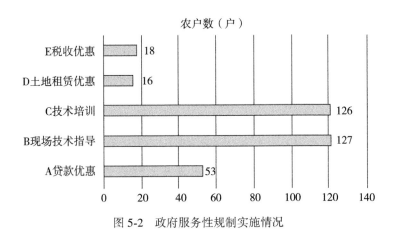

图 5-2　政府服务性规制实施情况

（2）社会规范压力描述性统计

从表 5-7 中可以看出，反映社会规范压力的 5 个题项中，"环保诉求（SNP1）""消费者环保需求（SNP2）""周围群众监督（SNP3）"和"地区文化（SNP4）"的均值较高、标准差较小，说明调查样本中大多数养猪户感受到的社会规范压力较大。而"价值认同（SNP5）"的均值为 3.451、标准差为 1.069，表明调查区域养猪户对环境行为的价值认同有待提高，这可能与地方政府服务性规制的实施力度不够有关，因此，政府要进一步加强绿色养殖技术宣传、培训和现场指导。

表 5-7　　　　　　　　　　社会规范压力描述性统计

潜变量	测量题项	均值	标准差	均值排序
	SNP1	4.723	0.630	1
SNP	SNP2	4.441	0.875	4
	SNP3	4.594	0.691	3

潜变量	测量题项	均值	标准差	均值排序
SNP	SNP4	4.613	0.688	2
	SNP5	3.451	1.069	5

（3）邻里效仿压力描述性统计

从表5-8中可以看出，反映邻里效仿压力的5个题项中，"典型示范（NIP1）""同伴影响（NIP2）""从众压力（NIP3）""面子声誉压力（NIP4）"的均值都大于4.30、标准差都小于0.85，说明调查区域周围农户（特别是典型养猪户群体）的效仿行为对养猪户环境行为的诱导性较强。

表5-8 邻里效仿压力描述性统计

潜变量	测量题项	均值	标准差	均值排序
NIP	NIP1	4.375	0.807	4
	NIP2	4.414	0.812	2
	NIP3	4.391	0.764	3
	NIP4	4.441	0.795	1
	NIP5	4.301	0.826	5

3. 养猪户环境意识的测量指标与描述性统计分析

从表5-9中可以看出，反映养猪户环境风险意识的题项"生猪养殖对农村生态环境带来了不良影响（ERA1）""生猪养殖污染会影响农作物和畜禽生产（ERA2）"均值分别为2.758和2.613，且标准差分别为1.263和1.393，反映调查区域部分养猪户环境风险意识比较低。养猪户对生猪养殖带来的环境风险认知也存在差异，这可能与地方政府对养猪户绿色养殖知识宣传和技术培训力度不够有关。反映养猪户环境收益意识的题项均值均大于4，且标准差均小于1，说明调查区域养猪户环境收益意识普遍都较高，这可能与调查区域养猪户受教育程度较高、饲养规模较大、养殖年限较长等个体特征和经营特征有关，有待实证检验。

表 5-9　　　　　　　　　养猪户环境意识描述性统计

潜变量	测量题项	均值	标准差	维度内均值排序
ERA	ERA1	2.758	1.263	4
	ERA2	2.613	1.393	5
	ERA3	4.703	0.544	1
	ERA4	4.680	0.724	2
	ERA5	4.441	0.829	3
EBA	EBA1	4.379	0.929	3
	EBA2	4.348	0.966	4
	EBA3	4.660	0.832	1
	EBA4	4.160	0.991	5
	EBA5	4.426	0.887	2

四、数据分析与结果

在进行数据分析之前，本书运用 Harman 单因素检验方法，对问卷的共同方法偏差情况进行了检验，本书将所有变量全部放在一起做探索性因子分析，在未旋转情况下得到 8 个因子的累积解释率为 70.213%，其中第一个因子解释率为 31.218%，占总变异的 44.460%。没有出现单一因子解释大部分变异（占总变异 50% 以上）的现象，表明量表的共同方法偏差问题可以忽略。

（一）信度效度分析

信度效度是评价一个问卷测量质量的两个重要指标，共同反映了测量工具的一致性或稳定性的特点（薛薇，2004）。为确保问卷测量的可靠性，本书运用SPSS19.0统计软件，采用Cronbach's αlpha系数来考察各个量表和总量表内部一致性检验，如果Cronbach's αlpha系数均不低于0.6，说明信度较好；运用KMO值来考察问卷测量的效度，如果KMO值都大于0.7，且球形检验显著，说明量表效度较好。检验结果如表5-10所示。从表中可以看出，各个量表和总量表的α系数都大于0.6，说明量表的信度较好；量表的KMO值都大于0.7，且Bartlett's球形检验的显著性均为0.000，说明量表结构效度符合要求，可接受此问卷量表。

表5-10　　　　　　　　　　量表信度、效度检验结果

变量	题项数	Cronbach's αlpha 值	KMO 值	Bartlett's 检验（显著性）
绿色发展制度压力量表	14	0.835	0.819	1481.694（0.000）
养猪户环境意识量表	10	0.762	0.777	757.048（0.000）
总量表	14	0.861	0.829	2491.500（0.000）

（二）因子分析

1. 探索性因子分析

由信度效度检验结果可知，绿色发展制度压力量表和环境意识量表均适合做因子分析。本书选择主成分分析方法进行因子抽取，采取最大方差法输出旋转解，最大收敛性迭代次数为25次。探索性因子分析结果如表5-11、表5-12所示。

从表5-11中可以看出，绿色发展制度压力量表的总方差解释率为65.962%，基于特征值大于1共提取了3个主因子，3个因子的特征值分别为4.949、3.978和2.187，方差贡献率分别为31.353%、

24.129%和10.480%。各个测量指标都能归到一个主因子中，说明因子结构与本书提出的概念模型相吻合。同时3个主因子反映了原始14个测量指标65.962%的信息量，大于60%，说明选取的主成分能较好地表征被测度潜变量的结构。旋转后的因子载荷系数均大于0.6，表明所提取的因子具有较好的结构效度，因子分析结果比较理想。由此可知，通过主成分分析获得的三个主成分能够较好地反映绿色发展制度压力的内容。

从表5-11中也可以看出，旋转后的成分矩阵表中，成分1在"本地养殖企业在绿色生产上起到了示范作用（NIP1）""本地养殖户（企业）带头履行环境责任（NIP2）""本地采用生态养殖的养殖户多，会跟随大众（NIP3）""本地养殖户在处理养殖废弃物方面都很积极（NIP4）"这四个题项上的因子载荷值均大于0.6。这四个题项分别反映了规模养猪户潜意识接受的规则、惯例以及参照模式和行为模板，以及其可能带来的效仿压力情况。因此，将成分1命名为"邻里效仿压力（NIP）"。成分2在"当地村民都很重视生猪养殖绿色转型问题（SNP1）""本地消费者对猪肉产品质量安全的关注度高（SNP2）""本地居民向您抱怨猪场污染时会采取措施（SNP3）""本地居民会积极举报猪场污染事件（SNP4）""本地媒体会积极曝光猪场污染事件（SNP5）"这五个题项上的因子载荷值均大于0.6。这五个题项分别反映了规模养猪户共同遵从的社会道德、行业规范、行为准则和评价标准约束情况。因此，将成分2命名为"社会规范压力（SNP）"。成分3在"当地政府对绿色发展政策的宣传很多（GRP1）""当地政府对猪场污染的监管力度很大（GRP2）""当地政府对猪场污染的惩罚力度很大（GRP3）""当地政府对绿色养殖的补贴支持力度很大（GRP4）"这四个题项上的因子载荷值均接近或大于0.6。这四个题项分别反映了国家行政部门所颁布的、有利于养猪业转型升级和绿色发展的行政指令、法律、法规等政策要素约束力情况。因此，将成分3命名为"政府规制压力（GRP）"。

表 5-11 绿色发展制度压力探索性因子分析结果

题项	主因子		
	NIP	GRP	SNP
GRP1	0.395	**0.738**	0.071
GRP2	0.418	**0.820**	0.018
GRP3	0.335	**0.657**	−0.223
GRP4	0.162	**0.639**	0.283
SNP1	0.359	0.217	**0.580**
SNP2	0.347	−0.103	**0.710**
SNP3	0.154	−0.259	**0.610**
SNP4	0.236	−0.271	**0.746**
SNP5	0.110	−0.054	**0.619**
NIP1	**0.760**	−0.199	−0.066
NIP2	**0.760**	−0.226	−0.173
NIP3	**0.668**	−0.078	−0.162
NIP4	**0.777**	−0.085	−0.371
NIP5	**0.700**	−0.151	−0.350
特征值	4.949	3.978	2.187
贡献率（%）	31.353	24.129	10.480
累计贡献率（%）	31.353	55.482	65.962

注：主成分分析采用方差最大正交旋转法。

依据各成分得分及其方差累计贡献率，得到绿色发展制度压力的总指数值：绿色发展制度压力 = （GRP×31.353%＋SNP×24.129%＋NIP×10.480）/65.962%。

从表 5-12 中可以看出，养猪户环境意识量表的总方差解释率为 61.245%，基于特征值大于 1 共提取了 2 个主因子，2 个因子的特征值分别为 3.441 和 2.684，方差贡献率分别为 34.408% 和 26.837%。各个测量指标都能归到一个主因子中，说明因子结构与本书提出的概念模型相吻合。提取的 2 个主因子反映了原始 10 个变量 61.245% 的信息量，大于 60%，也说明选取的主成分能较好地表征被测度潜变量的结构。旋转后的因子载荷系数均大于 0.6，表明所提取的因子具有较好的结构效度，因子分析结果比较理想。由此可知，通过主成分分析获得的两个主成分能够较好地反映养猪户环境意识的内容。

表 5-12　　　　　　　　养猪户环境意识探索性因子分析结果

题项	主因子	
	EBA	ERA
ERA1	0.206	**0.713**
ERA2	0.152	**0.732**
ERA3	0.455	**0.607**
ERA4	0.406	**0.688**
ERA5	0.282	**0.601**
EBA1	**0.800**	−0.160
EBA2	**0.759**	−0.321
EBA3	**0.614**	−0.108
EBA4	**0.772**	−0.219
EBA5	**0.689**	−0.213
特征值	3.441	2.684
贡献率（%）	34.408	26.837
累计贡献率（%）	34.408	61.245

注：主成分分析采用方差最大正交旋转法。

从表 5-12 中也可以看出，旋转后的成分矩阵表中，成分 1 在"把粪便处理后用作肥料的经济效益很好（EBA1）""用粪便生产沼气的经济效益很好（EBA2）""把粪便处理后用作饲料的经济效益很好（EBA3）""采取生态生产方式要比普通养殖的综合收益高（EBA4）""绿色有机猪肉产品的未来市场潜力较大（EBA5）"这五个题项上的因子载荷值均大于 0.6。这五个题项分别反映了规模养猪户对畜禽废弃物沼气化、肥料化和饲料化等环境行为可能增加的收益，以及优质猪肉产品市场潜力的认知程度。因此，将成分 1 命名为"环境收益意识（EBA）"。成分 2 在"生猪养殖对农村生态环境带来了不良影响（ERA1）""生猪养殖污染会影响农作物和畜禽生产（ERA2）""不安全猪肉产品会损害消费者身体健康（ERA3）""发生畜禽疫病会给生猪养殖带来很大风险（ERA4）""实施生态生产能有效降低生猪养殖风险（ERA5）"这五个题项上的因子载荷值均大于 0.6。这四个题项分别反映了规模养猪户对非环境行为可能带来环境污染、道德谴责等各种风险的认知程度。因此，将成分 2 命名为"环境风险意识（ERA）"。

依据各成分得分及其方差累计贡献率，得到养猪户环境意识的总指数值：养猪户环境意识＝（ERA×34.408%+EBA×26.837）/61.245%。

2. 验证性因子分析

验证性因子分析（Confirmatory Factor Analysis，CFA）是测试因子与相对应的测量题项之间关系的一种研究方法。与探索性因子分析相比，验证性因子分析通过具体的限制使理论与测量相互融合（侯杰泰等，2006）。因此，本书通过探索性因子分析得到的绿色发展制度压力三个维度和养猪户环境意识两个维度需要进一步经过验证性因子分析加以验证。本节在探索性因子分析的基础上，进一步运用 AMOS 软件，分别对绿色发展制度压力量表和养猪户环境意识量表进行验证性因子分析。

（1）政府规制压力因子一阶验证性因子分析

本书运用 AMOS 软件来考察绿色发展制度压力测量题项之间的关系是否符合理论关系，得到绿色发展制度压力三个维度一阶验证性因子分析结果，具体如图 5-3 所示。

由表 5-13 可知，所有测量题项的标准化因子载荷都大于 0.6，而且在 p<0.001 水平上显著，表现出了较高的聚合效度。说明本书开发的绿色发展制度压力量表具有较好的结构效度。

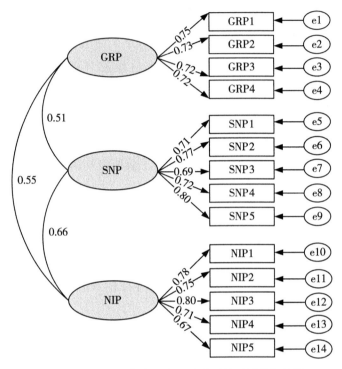

图 5-3 绿色发展制度压力一阶验证性因子分析结果

表 5-13 绿色发展制度压力量表验证性因子分析的估计系数表

	非标准化路径	标准化路径	S. E.	C. R.	P
GRP1←GRP	1. 000	0. 745			
GRP2←GRP	1. 040	0. 727	0. 077	12. 033	***
GRP3←GRP	0. 941	0. 722	0. 125	7. 287	***
GRP4←GRP	0. 881	0. 718	0. 069	7. 820	***
SNP1←SNP	1. 000	0. 712			
SNP2←SNP	1. 076	0. 768	0. 129	7. 716	***
SNP3←SNP	1. 112	0. 687	0. 143	8. 247	***
SNP4←SNP	1. 546	0. 723	0. 135	9. 816	***
SNP5←SNP	1. 669	0. 801	0. 192	10. 122	***

续表

	非标准化路径	标准化路径	S. E.	C. R.	P
NIP1←NIP	1.000	0.777			
NIP2←NIP	1.498	0.745	0.212	4.391	***
NIP3←NIP	1.472	0.804	0.179	8.231	***
NIP4←NIP	1.123	0.709	0.149	7.550	***
NIP5←NIP	1.000	0.667	0.188	9.856	***

综合已有文献研究的评判标准，χ^2／（自由度）的比值越小则模型拟合度越高，该值在 3~5 可以接受，2~3 比较好，小于 2 则更理想；绝对适配指标 GFI 和 AGFI，以及基准线比较适配统计量 NFI、IFI 和 CFI，其值越接近 1 越好，该值大于 0.8 表示可以接受，大于 0.9 说明适配度佳；RMSEA 为渐进残差均方平方根，其值愈小，表示模型的适配度愈佳，该值小于 0.5 时模型可以接受。综合表 5-14 数据结果来看，模型的拟合优度可以接受。

表5-14　　绿色发展制度压力量表一阶因子模型拟合度检验

测量模型	χ^2（109）	χ^2/df	RMSEA	GFI	AGFI	NNFI	CFI	IFI
验证模型	229.072	2.102	0.051	0.901	0.892	0.889	0.913	0.915
参考值		<3	0.050	0.900	0.900	0.900	0.900	0.900

（2）养猪户环境意识因子一阶验证性因子分析

同样，运用 AMOS 统计软件，得到养猪户环境意识两个维度一阶验证性因子分析结果，如图 5-4 所示。

由表 5-15 可知，所有测量题项的标准化因子载荷都大于 0.6，而且在 p<0.001 水平上显著，表现出了较高的聚合效度。说明本书开发的养猪户环境意识量表具有较好的结构效度。

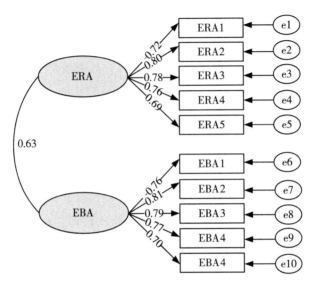

图 5-4　养猪户环境意识一阶验证性因子分析结果

表 5-15　　养猪户环境意识量表验证性因子分析的估计系数表

	非标准化路径	标准化路径	S. E.	C. R.	p
ERA1←ERA	1. 000	0. 720			
ERA2←ERA	1. 091	0. 802	0. 127	7. 724	***
ERA3←ERA	1. 088	0. 781	0. 138	7. 271	***
ERA4←ERA	1. 052	0. 761	0. 239	4. 115	***
ERA5←ERA	1. 040	0. 689	0. 133	7. 552	***
EBA1←EBA	1. 000	0. 762			
EBA2←EBA	0. 922	0. 811	0. 145	6. 911	***
EBA3←EBA	0. 918	0. 792	0. 151	6. 516	***
EBA4←EBA	0. 905	0. 773	0. 192	4. 947	***
EBA5←EBA	1. 001	0. 702	0. 209	4. 475	***

　　由表 5-16 数据结果来看，各项拟合度指标都基本达到模型适配度标准，表示模型的拟合优度可以接受。

表 5-16　　养猪户环境意识量表一阶因子模型拟合度检验

测量模型	χ^2 (65)	χ^2/df	RMSEA	GFI	AGFI	NNFI	CFI	IFI
验证模型	146.031	2.247	0.055	0.899	0.896	0.895	0.907	0.912
参考值		<3	0.050	0.900	0.900	0.900	0.900	0.900

（3）养猪户环境意识因子二阶验证性因子分析

由于本章相关假设是在构念层面作出的，养猪户环境意识是一个潜因子型的构念，作为一个整体概念是环境收益意识和环境风险意识两个一阶因子背后的二阶因子。根据侯杰泰等（2004）研究结论：如果一阶潜变量能够形成更高一阶的潜变量，则表示低阶潜变量具有高阶的单维性，也就意味着用高阶潜变量进行因子分析是可行的。所以本书需要在养猪户环境意识潜变量两个维度的基础上进一步考察高阶的潜在变量。

图 5-5 给出了养猪户环境意识二阶因子分析的结果，所有测量项目都对应于假设的一阶因子，标准化后的因子载荷系数都高于 0.60，并且在 p<0.01 水平上显著。进一步验证了养猪户环境意识可以作为环境收益意识和环境风险意识两个一阶因子背后的二阶因子。

养猪户环境意识二阶因子的拟合指数如表 5-17 所示，各个拟合指数基本达到了理想要求，表明养猪户环境意识二阶因子模型的拟合效度可以接受，这进一步说明将养猪户环境意识作为环境收益意识和环境风险意识的共同因子进行分析是可行的。

表 5-17　　养猪户环境意识二阶验证性因子分析拟合度指标

测量模型	χ^2 (62)	χ^2/df	RMSEA	GFI	AGFI	NNFI	CFI	IFI
验证模型	129.115	2.083	0.051	0.885	0.897	0.894	0.901	0.910
参考值		<3	0.050	0.900	0.900	0.900	0.900	0.900

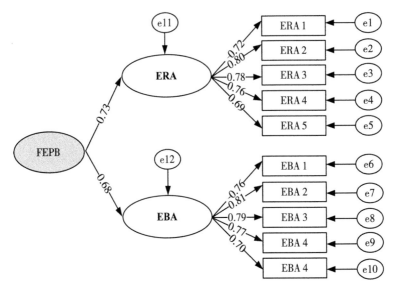

图 5-5　养猪户环境意识二阶验证性因子分析结果

（三）绿色发展制度压力影响养猪户环境意识的假设检验

1. 绿色发展制度压力与养猪户环境意识相关分析

由于本问卷大部分题项均为刻度级（Scale）数据，因此，本书采用 Pearson 法中的双尾检验（Two-tailed）来测量不同变量之间的相关系数。在此基础上，再进一步运用回归分析验证不同变量之间的因果关系。表 5-18 是绿色发展制度压力及其不同维度、养猪户环境意识及其不同维度等自变量、控制变量的均值、标准差和皮尔逊相关系数，自变量中除了政府规制压力与养猪户环境收益意识之间在 0.05 水平以上存在显著正相关性，其他自变量、控制变量之间在 0.01 水平以上存在显著正相关性。

表 5-18 绿色发展制度压力与养猪户环境意识相关系数矩阵

变量	XB	NL	JY	SR	NX	GM	ZZ	QY	GRP	SNP	NIP	ERA	EBA
XB	1.000												
NL	-0.088	1.000											
JY	0.082	-0.204**	1.000										
SR	0.001	0.060	-0.225**	1.000									
NX	-0.078	0.245**	-0.026	0.143*	1.000								
GM	-0.076	0.104	0.289**	0.149*	0.062	1.000							
ZZ	-0.037	-0.021	0.252**	0.032	-0.035	0.241**	1.000						
QY	-0.087	0.172**	-0.134*	0.356**	0.266**	0.217**	-0.138*	1.000					
GRP	0.015	0.006	0.020	0.049	0.078	-0.095	0.069	-0.025	0.844				
SNP	0.126*	-0.161*	0.153*	-0.133*	-0.085	0.196**	0.016	-0.490**	0.199**	0.821			
NIP	-0.103	-0.062	0.067	-0.177**	0.199**	0.092	0.079	-0.056	0.202**	0.221**	0.837		
ERA	0.005	0.034	0.198**	-0.039	0.225**	0.196**	0.131*	0.143*	0.157*	0.176**	0.201**	0.816	
EBA	-0.007	-0.021	0.150*	-0.010	0.156*	0.135*	0.188**	-0.013	0.184**	0.175**	0.186**	0.221**	0.825

注：对角线上的值是各个变量的 AVE 的平方根；* 表示在 0.05 的水平上显著；** 表示在 0.01 的水平上显著。

2. 多层回归分析

（1）多重共线性检验

在实证分析政府规制压力、社会规范压力和邻里效仿压力对规模养猪户环境收益意识、环境风险意识的影响之前，考虑到不同解释变量之间可能存在内部相关，本书采用方差膨胀因子（Variance Inflation Factor，简称 VIF）来衡量解释变量之间是否存在多重共线性。一般而言，当 VIF>10，解释变量之间的相关关系程度较高，也即共线性问题较为严重；当 0<VIF 值<10 时，一般认为模型不具有多重共线性。

解释变量的共线性检验结果如表 5-19 所示。由表 5-19 可知，就环境收益意识而言，VIF 最大值为 1.650，远小于 3；就环境风险意识而言，VIF 最大值为 1.755，远小于 3。由此可知，实证分析选取的解释变量之间的共线性问题不严重，均符合回归的基本要求。

表 5-19 多重共线性检验

变量	环境收益意识（EBA）		环境风险意识（ERA）	
	VIF	1/VIF	VIF	1/VIF
性别（XB）	1.130	0.885	1.130	0.885
年龄（NL）	1.335	0.749	1.330	0.752
受教育程度（JY）	1.350	0.741	1.350	0.741
收入占比（SR）	1.455	0.687	1.455	0.687
养殖年限（NX）	1.368	0.731	1.340	0.746
饲养规模（GM）	1.390	0.719	1.395	0.717
合作社成员（ZZ）	1.153	0.867	1.150	0.870
湖北（HB）	1.650	0.606	1.755	0.570
浙江（ZJ）	1.468	0.681	1.520	0.658
政府规制压力（GRP）	1.378	0.726	1.378	0.726
社会规范压力（SNP）	1.410	0.709	1.410	0.709
邻里效仿压力（NIP）	1.595	0.627	1.450	0.690

（2）绿色发展制度压力与养猪户环境意识回归分析结果

在回归模型中，我们将性别、年龄、受教育程度、养殖户收入占比、饲养规模、养殖年限、是否参加合作社组织和地理区位特征8个变量进行控制。性别：我们分为二个等级（男性、女性），分别赋予两个dummy变量，"男性"赋值为1，"女性"赋值为0。年龄：我们用养殖户实际年龄来测量，并取自然对数。受教育程度：我们分为四个等级分别赋予四个dummy变量，分别为大学本科及以上、大专、高中/中专、初中和小学及以下，dummy变量分别赋值为5~1。养殖户收入占比：我们分为四个等级分别赋予四个dummy变量，分别为100%、80%~99%、60%~79%和60%以下，dummy变量分别赋值为4~1。参加合作社组织：我们分为二个等级（是、否），分别赋予两个dummy变量，"是"赋值为1，"否"赋值为0。饲养规模：我们用2015年年末养猪户生猪出栏数来测量，并取自然对数。养殖年限：我们用养殖户实际养殖时间来测量，并取自然对数。地理区位特征：我们分为二个等级，分别赋予两个dummy变量，"浙江省"赋值为1，"湖北省"赋值为0。

表5-20给出了绿色发展制度压力与养猪户环境意识的影响回归结果。不同模型中各变量的VIF值均小于3，说明多重共线性的威胁可以忽略。3个模型的R^2逐渐增大，说明变量对因变量养猪户环境意识的解释作用在增强，F检验结果在显著水平0.01条件下均显著，说明模型具有统计学意义。

在模型1中，纳入性别、年龄、受教育程度、养殖户收入占比、饲养规模、养殖年限、是否参加合作社组织和地理区位特征8个控制变量。结果显示：性别（γ=0.175，p<0.01）、受教育程度（γ=0.242，p<0.01）、养殖年限（γ=0.201，p<0.01）、是否参加合作社组织（γ=0.181，p<0.01）和饲养规模（γ=−0.259，p<0.01）对养猪户环境意识具有显著正向影响。

在模型2中，纳入政府规制压力、社会规范压力和邻里效仿压力3个预测变量。结果显示：政府规制压力（γ=0.335，p<0.01）、社会规范压力（γ=0.261，p<0.01）和邻里效仿压力（γ=0.205，p<0.01）对

养猪户环境意识具有显著正向影响（影响机制如图 5-12 所示）。因此，假设 H5-1、H5-2、H5-3 均通过假设检验。

表 5-20 绿色发展制度压力与养猪户环境意识关系的回归分析结果

因变量=养猪户环境意识	模型 1	模型 2	模型 3
XB（dummy 变量）	0.175 **	0.143 *	0.117
NL（dummy 年龄）	−0.048	−0.075	−0.088
JY（dummy 变量）	0.242 **	0.219 **	0.215 **
SR（dummy 变量）	0.026	0.064	0.075
NX（log 年限）	0.201 **	0.253 **	0.241 **
GM（log 头数）	0.259 **	0.271 **	0.280 **
ZZ（dummy 变量）	0.181 **	0.190 **	0.176 **
QY（dummy 变量）	−0.014	−0.022	−0.035
GRP		0.335 **	0.317 **
SNP		0.261 **	0.264 **
NIP		0.205 **	0.223 **
GRP * JY			0.152 *
NIP * JY			149 *
GRP * GM			188 **
R^2	0.118	0.224	0.237
AdjustedR^2	0.089	0.217	0.220
ΔR^2		0.104	0.013
F 值	5.775 **	8.731 **	9.473 **

* 表示在 0.05 的水平上显著；** 表示在 0.01 的水平上显著。

在模型 3 中，纳入不同控制变量与不同绿色发展制度压力的交互项，经过逐步回归剔除掉不显著的变量后，政府规制压力与养猪户受教育程度（$\gamma=0.152$，$p<0.05$）、邻里效仿压力与养猪户受教育程度（$\gamma=0.149$，$p<0.05$）、政府规制压力与养猪户饲养规模（$\gamma=0.188$，$p<0.01$）的交互项显著。说明养猪户受教育程度分别在政府规制压力、

邻里效仿压力与养猪户环境意识之间具有显著调节作用，养猪户饲养规模在政府规制压力与养猪户环境意识之间具有显著调节作用。进一步说明在政府规制压力下，饲养规模越大、受教育程度越高的养猪户，其环境意识较高，而在邻里效仿压力下，受教育程度越高的养猪户，其环境意识也较高。因此，H5-4、H5-5 部分通过假设检验，H5-6 没有通过检验，假设 H5-4c 和 H5-5a 均通过假设检验。影响机制如图 5-6 所示。

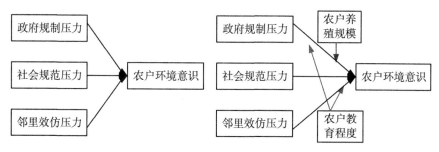

图 5-6　绿色发展制度压力对养猪户环境意识影响机制

（3）绿色发展制度压力与养猪户环境意识不同维度之间回归分析结果

为了进一步了解控制变量和不同绿色发展制度压力对养猪户环境意识不同维度的影响，我们将养猪户环境意识的两个维度作为因变量，进行了多元回归分析。表 5-21 给出了不同类型绿色发展制度压力对环境收益意识和环境风险意识的影响回归结果。

表 5-21　　绿色发展制度压力对养猪户环境意识不同维度回归分析结果

进入变量	环境收益意识（EBA）			环境风险意识（ERA）		
	模型 1	模型 2	模型 3	模型 4	模型 5	模型 6
XB（dummy 变量）	0.092	0.077	0.082	−0.059	−0.088	−0.072
NL（dummy 年龄）	−0.063	−0.069	−0.071	−0.104	−0.114	−0.105
JY（dummy 变量）	0.198**	0.169**	0.172**	0.202**	0.188**	0.191**

续表

进入变量	环境收益意识（EBA）			环境风险意识（ERA）		
	模型1	模型2	模型3	模型4	模型5	模型6
SR（dummy 变量）	0.025	0.022	0.041	0.142*	0.162**	0.167**
NX（log 年限）	0.056	0.056	0.069	−0.185**	−0.205**	−0.210**
GM（log 头数）	0.186**	0.191**	0.205**	0.241**	0.201**	0.223**
ZZ（dummy 变量）	0.069	0.109	0.111	0.157*	0.151*	0.145*
QY（dummy 变量）	−0.103	−0.112	−0.109	−0.118	−0.098	−0.102
GRP		0.459**	0.447**		0.398**	0.291**
SNP		0.242**	0.251**		0.128	0.117
NIP		0.105	0.118		0.156*	0.148*
GRP * GM			0.184**			0.207**
GRP * JY						0.175**
R2	0.137	0.349	0.363	0.134	0.351	0.368
AdjustedR2	0.133	0.320	0.345	0.130	0.343	0.355
ΔR2		0.102	0.014		0.098	0.017
F 值	9.816**	11.914**	12.517**	8.981**	7.453**	0.9.227**

*表示在0.05的水平上显著；　**表示在0.01的水平上显著。

在模型1中，纳入性别、年龄、受教育程度、养殖户收入占比、饲养规模、养殖年限、是否参加合作社组织和地理区位特征8个控制变量。结果显示：受教育程度（$\gamma = 0.198$，$p < 0.01$）、饲养规模（$\gamma = 0.186$，$p < 0.01$）对养猪户环境收益意识具有显著正向影响。

在模型2中，纳入政府规制压力、社会规范压力和邻里效仿压力3个预测变量。结果显示：政府规制压力（$\gamma = 0.459$，$p < 0.01$）、社会规范压力（$\gamma = 0.242$，$p < 0.01$）对养猪户环境收益意识具有显著正向影响。影响机制如图5-7所示。

在模型3中，纳入不同控制变量与不同绿色发展制度压力的交互项，经过逐步回归剔除掉不显著的变量后，至少在显著性水平5%上通过检验的变量有政府规制压力与养猪户饲养规模（γ=0.184，p<0.01）交互项，其对养猪户环境收益意识具有显著正向影响，说明养猪户饲养规模在政府规制压力与养猪户环境收益意识间具有显著调节作用，意味着政府可以根据不同规模的养殖户群体，来设计灵活性的规制政策，以提高规制效果和质量安全水平。影响机制如图5-7所示。

在模型4中，纳入8个控制变量。结果显示：受教育程度（γ=0.202，p<0.01）、养殖户收入占比（γ=0.142，p<0.05）、饲养规模（γ=0.241，p<0.01）和是否参加合作社组织（γ=0.157，p<0.05）对养猪户环境风险意识具有显著正向影响，而养殖年限（γ=−0.185，p<0.01）对养猪户环境意识具有显著负向影响。

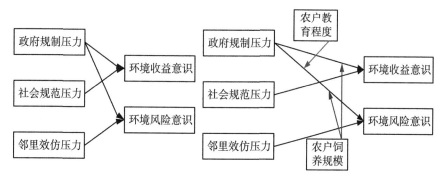

图5-7　绿色发展制度压力对养猪户环境意识及其不同维度影响机制

在模型5中，纳入政府规制压力、社会规范压力和邻里效仿压力3个预测变量。结果显示：政府规制压力（γ=0.398，p<0.01）和邻里效仿压力（γ=0.156，p<0.05）对养猪户环境风险意识具有显著正向影响。影响机制如图5-7所示。

在模型6中，纳入不同控制变量与不同制度压力的交互项，经过逐步回归剔除掉不显著的变量后，政府规制压力与养猪户饲养规模（γ=0.207，p<0.01）、政府规制压力与养猪户受教育程度（γ=0.175，p<0.01）的交互项显著。说明养猪户饲养规模和养猪户受教育程度均在政府规制压力与养猪户环境风险意识之间具有显著调节作用。进一步说

明在政府规制压力下，受教育程度越高的养猪户，其环境风险意识越高；在政府规制压力下，饲养规模越大的养猪户，其环境收益意识和环境风险意识也越高。影响机制如图5-7所示。

五、本章小结

本章以浙江省和湖北省的256家规模养猪户为研究样本，验证了不同类型绿色发展制度压力对养猪户环境意识的影响机制，检验了人口统计学变量在其间的调节效应。主要结论包括：

第一，不同绿色发展制度压力对养猪户环境意识及其维度具有不同的影响。从构念层面看：政府规制压力、社会规范压力和邻里效仿压力对养猪户环境意识均具有显著的正向影响。从维度层面看：政府规制压力和邻里效仿压力对养猪户环境风险意识均具有显著影响作用；政府规制压力和社会规范压力对养猪户环境收益意识具有显著正向影响作用。

第二，养猪户人口统计变量在绿色发展制度压力与养猪户环境意识及其不同维度之间具有调节作用。具体而言，受教育程度分别在政府规制压力、邻里效仿压力与养猪户环境意识之间具有显著调节作用，饲养规模在政府规制压力与养猪户环境意识之间具有显著调节作用。进一步研究发现：饲养规模在政府规制压力与养猪户环境收益意识间具有显著调节作用；饲养规模和养猪户受教育程度均在政府规制压力与养猪户环境风险意识之间具有显著调节作用。因此，政府部门可以根据不同饲养规模的养殖户，设计灵活的规制政策，确保政府规制执行效果。

第六章 绿色发展制度压力对养猪户环境行为影响机制实证研究

第五章我们验证了绿色发展制度压力对养猪户环境意识及其不同维度的影响机制，发现不同特征的养猪户在不同类型制度压力下表现出不同的环境认知。遵循环境压力-认知-行为的关系逻辑，本章将进一步检验不同绿色发展制度压力对养猪户环境行为的影响机制，并以浙江省和湖北省的256家规模养猪户为样本，通过实证研究检验绿色发展制度压力对养猪户环境行为的影响机制。

一、问题提出

通过第三章探索式案例分析和第四章对养猪户环境行为演化机理分析，我们发现影响养猪户环境行为的两大重要因素：一是外部绿色发展制度压力，二是内部养猪户环境意识。第五章检验了不同绿色发展制度压力对养猪户环境意识的影响机制，接下来从理论层面需要深化的问题是：

第一，不同的绿色发展制度压力影响养猪户环境行为的内在机制存在区别吗？以往的文献往往将不同制度因素作为调节变量来探讨养猪户环境意识对环境行为的影响机制，学者们的研究都隐含了"农户所处的外部环境是一致的和稳定的"假设前提，所得到的研究结论往往不能体现区域制度执行的差异，本书放松这一假设，认为不同类型的绿色发展制度压力影响养猪户环境行为的机制是不一样的；同时，结合探索性案例分析和实地调研我们也发现，"遵守法律法规""遵守行业规范"

和"周围其他农户影响"等因素对养猪户环境行为的影响不能被忽视。

第二，不同绿色发展制度压力在影响养猪户环境行为时，是否存在冲突和协同？以往的文献往往孤立研究外部制度压力不同维度对养猪户环境行为的影响，忽略了不同维度之间的交互对养猪户环境行为的影响。在绿色发展的现实背景下，政府的规制压力与社会规范压力的交互会更能促进养猪户环境行为的演化，但需要进一步予以验证。

因此，本章将在借鉴前人相关研究成果的基础上，通过实证研究，探讨不同绿色发展制度压力对养猪户环境行为的影响机制。

二、研究假设

（一）政府规制压力与养猪户环境行为的关系假设

新制度理论认为，个体或组织内嵌于政治环境，规则和权力体系拥有的权威和赏罚制度对于个体或组织的行为具有重要的影响（沈奇泰松，2014）。因此，政府环境规制强制性要求农户将自己的生产行为与法律法规的强制力、政府的意见保持一致。

国内外学者实证研究表明，在环境管制政策下，农户的养殖成本函数将发生变化，农户为了实现养殖收益的最大化，将自发调整养殖方式、环保投资、废弃物治理等环境行为（Bruckmeier 和 Teherani-Krönner，1992；Bager 和 Proost，1997；Picazo-Tadeo 和 Reig-Martinez，2007）。周力（2011）、虞祎等（2012a）研究表明，日益提升的政府环境规制水平有效引导了畜禽养殖业从分散的养猪户养殖转向集约化、规模化、工厂化的养殖方式，促进了畜禽养殖技术进步和畜禽污染治理；王建华等（2016）实证研究表明，政府规制压力感知对养猪户病死猪处理行为具有显著的影响作用；邬兰娅等（2017a）、张郁等（2016）通过对养猪企业环境行为影响因素分析发现，政府激励性规制和服务性规制对养殖企业实施农牧生态一体化模式具有显著的正向影响；左志平等（2017）研究也表明，政府规制压力对养猪户绿色运营模式的演化具有较强的推动作用。基于此，本书提出如下假设：

H6-1：政府规制压力对养猪户环境行为具有显著影响。

（二）社会规范压力与养猪户环境行为的关系假设

根据新制度理论解释，社会规范压力能够帮助个体或组织形成稳定的、预期的和特定的认知模式以及社会所期望的价值观。在农村社会关系网络中，养殖户出于互惠的动机和舆论压力，往往会去共同遵守一定的社会规范。

国内外学者实证研究表明，社会规范压力有效引导了农户环境行为实施（Beedell 和 Rehman，2000；Colémont 和 Van den Broucke，2008；Lauwere 等，2012）。国内学者郭斌等（2014）、左志平等（2016a）实证研究表明，消费者的环保需求越高，消费者会更加关注产品质量安全，优先选择适度、绿色、无污染农产品消费，需求引导生产，将促进养猪户环境行为的实施。徐志刚等（2016）、杜焱强等（2016）实证研究说明，周围养猪户群体环保诉求越多，养猪户面对的道德谴责和面子压力就会越大，会有效制约养猪户遵循一定的文化价值、道德标准、伦理要求开展环境友好行为。左志平等（2017）指出，社会群体监督压力越大，养猪户环境污染遭受媒体曝光和环境惩罚的概率就会越大，会增加养猪户采取非环境行为的机会成本，有利于促进养猪户环境行为的演化。基于此，本书提出如下假设：

H6-2：社会规范压力对养猪户环境行为具有显著影响。

（三）邻里效仿压力与养猪户环境行为的关系假设

根据认知行为理论的解释，认知系统往往在组织选择、解释信息时提供一套轮廓、模型或样板，并深刻地影响了个体或组织解释外部环境刺激的过程（沈奇泰松等，2014）。因此，在养猪户环境意识较高的区域，养猪户环境行为往往能够起到示范效应。

国内外学者实证研究表明，邻里效仿压力对养猪户环境行为具有显著影响。Cassidy（2013）认为，经济主体实施环境友好行为的原因未必是出于良好的心理认知和社会责任，而主要是受到周边同伴行为的影响。杨唯一（2014）实证研究表明：农村主要权威群体（如典型示范户、村干部）示范作用对养猪户技术采纳行为具有重要的影响作用。郭利京和赵瑾（2014a）通过分析我国农村居民秸秆处理行为的影响因素发现：树立重要人物的模范带头作用，对农村环境社会风气的形成具有重要的影响作用，有利于形成亲环境行为的社会氛围。方伟（2005）、浦华和白裕兵（2014）、李俏和李久维（2015）、李容容等（2017）研究表明，中国农村居民具有典型的从众心理（Conformist Mentality），亲戚、邻里的行为会影响农户自身的原始态度，并进而影响其生产决策行为。基于此，本书提出如下假设：

H6-3：邻里效仿压力对养猪户环境行为具有显著影响。

（四）绿色发展制度压力不同维度之间交互效应假设

1. 政府规制压力与社会规范压力的交互效应

政府规制压力与社会规范压力形成了养猪户环境行为的外部"双重推力"，有效促进了养猪户环境行为的演化（左志平，2017）。但是，在现实中，养殖区域的发散性和信息不对称性增加了政府的环境规制执行的难度，在一定程度上增加了农户"机会主义"行为发生（孙洪波，2012；王志涛和李馨，2016）。

政府规制压力与社会规范压力交互在一定程度上促进了养猪户环境行为的发生。一方面，社会规范压力越高（如加大周围养猪户环保诉求、道德谴责，消费者的环保产品要求越高），社会公众（周围农户）对猪场污染情况了解越及时、越准确，能有效解决政府监管与养猪户之间的信息不对称问题，在一定程度上降低了政府环境规制执行的难度，减少了养猪户的"机会主义"行为，促进了养猪户环境行为的演化和扩散（赵志勇和朱礼华，2013）。另一方面，政府规制压力越高，政府生态补贴力度也越大，有助于提高养猪户在生态种养模式和养殖废弃物资源化再利用等方面环保投入的积极性，由于政府不可能完全补偿养猪户环境行为而进行的环保投入，需要消费者通过对绿色猪肉产品溢价给予养猪户环境行为补偿（左志平，2016a），因此政府和社会群体的联合更能促进养猪户环境行为的实施。据此，我们提出：

H6-4：政府规制压力与社会规范压力的交互对养猪户环境行为具有显著影响。

2. 政府规制压力与邻里效仿压力的交互效应

政府规制压力是养猪户环境行为的有效推力，而邻里效仿压力是养猪户环境行为的有效拉力，推力与拉力的结合，往往能有效促进养猪户环境行为的实施。

首先，在政府规制压力很高时，养猪户和效仿养猪户的行为必须要在满足政府规制的最低要求下实施生产行为。政府规制压力越大，对养猪户的环保要求越高，为了降低非环境行为带来规制风险，养猪户之间环境行为的效仿和模仿就会越频繁。其次，在政府规制压力和邻里效仿压力都高时，养猪户感知的压力加大，因为在政府规制压力越高的情况下，通过效仿和模仿成功实施环境行为的养猪户越易获得政府的青睐（政策支持、技术指导）和控制内外部资源（与生猪供应链上下游环节环保合作、绿色猪肉市场）。在"从众心理"驱动下，养猪户学习和模仿典型农户最佳绿色养殖模式的概率会提高。据此，我们提出：

H6-5：政府规制压力与邻里效仿压力的交互对养猪户环境行为具有显著影响。

3. 社会规范压力与邻里效仿压力的交互效应

首先，社会规范压力通过环保诉求和猪肉产品的规范要求推动了养猪户环境行为的实施。一方面，社会规范要求越高，社会群体（供应商、加工企业、消费者）的环保要求越高，消费者往往将猪肉绿色度水平作为区分养猪户优劣的重要因素，需求指导生产，将进一步推动养猪户环境行为的开展。另一方面，绿色发展社会规范中消费者的环保要求越高，养猪户参与市场竞争的压力越大，为了提升自己在整个行业内的地位和竞争优势，养猪户实施环境行为的可能性就越大。其次，邻里效仿压力越高，对形成良好环境社会风气具有重要影响（郭利京和赵瑾，2014b），意味着养猪户实施环境行为降低消费者环保需求的不确定性越大，从而让消费者对绿色猪肉产品的环保需求产生的拉力更加有效。最后，社会规范压力和邻里效仿压力都高时，社会群体之间集体共谋、操作制度环境（政府规制）也将无法达成（孙洪波，2012；闵继胜和周力，2015）。据此，我们提出：

H6-6：社会规范压力与邻里效仿压力的交互对养猪户环境行为具有显著影响。

三、养猪户环境行为量表设计与描述性统计

（一）养猪户环境行为量表设计

根据探索式案例分析和第四章对养猪户环境行为概念的界定，结合养猪户环境行为的特征，本书将养猪户环境行为测量分为源头污染预防行为、过程质量控制行为和末端废物治理行为 3 个维度。

1. 源头污染预防行为量表设计

源头污染预防行为具体包括猪场科学选址、治污设施建设 2 个测量题项。（1）猪场科学选址是预防畜禽污染、保障生猪健康养殖的前提。本书主要依据《畜禽养殖业污染防治技术政策》《畜禽规模养殖污染防治条例》中关于猪场规划布局的相关规定，并参考宋泽文和欧阳顺根（2009）、任金强等（2014）关于猪场选址条件和要求，将猪场距离居民区的距离划分成 500 米以内、500~2000 米和 2000 米以上三类，以此来判断猪场的科学选址问题。（2）治污设施建设是保证粪污无害化处理和排放的重要基础。根据《畜禽规模养殖污染防治条例》中提出的关于畜禽养殖场配套设施建设的要求，结合张力（2007）、杨和伟（2011）对环境友好型养猪场粪便环保处理技术研究成果，设计了"您的养猪场建立了哪几种治污设施（可多选）？"题项，选项主要分为生物发酵床、雨污分离设施、氧化塘/生物塘、储粪池/化粪池和沼气池五种，以此来考察养猪户治污设施建立情况。

2. 过程质量控制行为量表设计

过程质量控制行为具体包括卫生防疫管理和兽药规范使用 2 个测量题项。（1）卫生防疫管理是提高生猪疫病防控能力、减少养殖风险、稳定猪肉供给、保证猪肉安全的必要手段。本书依据《全国生猪生产发展规划（2016—2020 年）》《中华人民共和国动物防疫法（2015 年修订版）》对动物防疫活动的管理提出的具体要求，并结合幸云超等（2008）、薛淑梅（2014）提出的养猪场防疫管理制度具体要点，设计了"您是如何对养猪场进行防疫管理的？"题项来考察养猪户养殖过程中的卫生防疫管理情况。（2）兽药规范使用往往具有双重性，一方面，养猪户规范使用兽药能发挥药品的最大效能，保障动物源性食品质量安全的目的；另一方面，养猪户盲目用药和滥用兽药也会导致兽药残留，产品质量下降，同时也会增加粪便中的重金属、药剂的残留，污染生态环境。本书参考《兽药管理条例》《部分兽药品种的停药期规定》《兽药质量标准》和《饲料药品添加剂使用规范》等法律法规规定，结合沈建忠（2015）关于养殖户兽药规范使用原则要求，设计了"在生产养殖过程中，您是如何使用兽药的？"题项来考察养猪户的兽药规范使用情况。

3. 末端废物治理行为量表设计

末端废物治理行为具体包括粪便处理方式、污水处理方式和病死猪处理方式 3 个测量题项。（1）畜禽粪便和污水处理方式是养殖户最终实现粪污的肥料化、饲料化和能源化。根据农业部发布的《关于促进南方水网地区生猪养殖布局调整优化的指导意见》中要促进粪便综合利用，加强粪便综合利用技术相关要求，参考徐海雄（2015）、张郁等（2015b）等学者对畜禽粪污资源化利用途径和原则，设计了养殖户粪便处理方式和污水处理方式两个题项，以此来考察养猪户对畜禽粪污的处理行为。（2）病死猪无害化处理是防止疫病传播、维护公共卫生安全，保障猪肉产品质量安全的重要环节。根据 2014 年国务院办公厅发布的《国务院办公厅关于建立病死畜禽无害化处理机制的意见》提出的强化生产经营主体责任、落实属地管理责任、加强无害化处理体系建设和完善配套保障政策措施，并参考李立清和许荣（2014）关于病死猪的处理方式和原则，设计了"养殖户对病死猪处理方式"题项，选项分为无害化处理、深埋、焚烧、出售和随意丢弃五种，以此来考察养猪户对病死猪处理情况。

根据以上相关政策法规中对生猪养殖污染预防和健康发展的具体要求和学者们的研究成果，本书设计了 7 个反映养猪户环境行为的测量题项。答题形式以单选式和多选式为主，具体测量题项及参考文献如表6-1 所示。

表 6-1　　　　　　　　养猪户环境行为测量题项及文献参考

变量名称	对应题项	测量题项	参考文献来源
源头预防行为	SPB1	猪场离居民区的距离	吴秀敏（2006）
（SPB）	SPB2	治污设施建设	岳丹萍（2008）
过程控制行为	PCB1	养猪场的防疫管理	林伟坤（2009）
（PCB）	PCB2	兽药规范使用情况	张晖（2010）
末端治理行为	EMB1	粪便处理方式	王海涛（2012b）
	EMB2	污水处理方式	应瑞瑶（2014）
（EMB）	EMB3	病死猪处理方式	张郁（2015b）

（二）养猪户环境行为描述性统计分析

1. 源头预防行为描述性统计

从图 6-1 中可以看出：距离居民区 500 米以内的养猪场有 105 户，占总样本的 41.0%；距离居民区 500 米至 2000 米之间的养猪场有 113 户，占总样本的 44.1%；距离居民区 2000 米以上的猪场有 38 户，占总样本的 14.8%。说明有近一半以上的养猪户未能实施科学选址，这多是历史遗留下来的问题，也是现代养猪业标准化发展急需解决的问题。

从图 6-2 中可以看出，常用的治污设施中，建立储粪池/化粪池和沼气池的养殖户最多，分别为 249 户（占样本总量的 97.3%）和 238

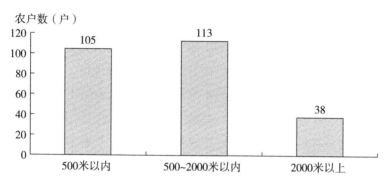

图 6-1　猪场离最近居民区距离的情况

户（占样本总量的 93.0%），建立雨污分离设施的养猪户有 217 户（占
样本总量的 84.8%），建立了氧化塘/生物塘的养猪户有 126 户（占样
本总量的 49.2%），而采用生物发酵床的养殖户最少。另外，还有 9 户
养猪户在其他选项中填写了工业治污设施，他们采用干清粪和沼气发酵
工艺，利用工业化污水处理系统治理养殖废弃物污染。这 9 户养猪户都
是大养猪户，且均位于浙江省。这说明浙江经济发达、养殖技术先进，
已有养殖场开始引进工业化污水处理系统，工业治污技术治理养殖粪污
的潜力已经凸显。但与此同时也反映出，由于养殖户治污设施投资和技
术引进投资巨大，规模养猪户在较高的行为参与成本下，缺乏积极性。

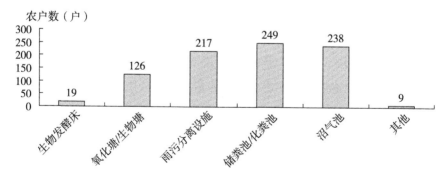

图 6-2　养猪户治污设施建设的情况

2. 过程控制行为描述性统计

从图6-3中可以看出，有170户养猪户（占样本总量66.4%）能够严格按照猪场免疫制度进行防疫；有82户养猪户（占样本总量32%）根据经验进行防疫，这类养猪户的主观意识占主导地位，防疫管理缺乏规范性；仅有4户养猪户（占样本总量1.6%）完全缺乏卫生防疫管理意识，没疫病时就没有专门进行防疫，生产风险很高。由此可以看出，大多数养猪户有科学的卫生防疫管理意识，建立了比较规范的防疫管理制度。

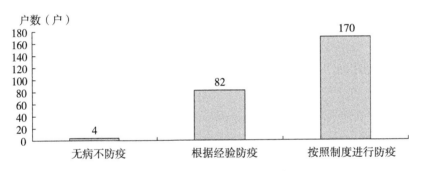

图6-3　养猪户卫生防疫管理的情况

从图6-4中可以看出，有10户养猪户（占样本总量3.9%）的养猪户担心药效不好，通常使用的药量会比说明书上要求的药量要多；有46户养猪户（占样本总量18.0%）按自己的养殖经验来配药；有78户养猪户（占样本总量30.5%）按照兽医的建议来配药；有122户养猪户（占样本总量47.7%）严格按照说明书来配药。由此可以看出，78.2%的养猪户能够规范使用兽药，养猪户的兽药规范使用情况较好。

3. 末端治理行为描述性统计

从图6-5中可以看出，将粪便用来生产沼气和用作肥料是养猪户的主要选择，其中有195户养猪户把粪便用来生产沼气（占样本总量76.2%）；有172户养猪户把粪便用作肥料（占样本总量67.2%）；在调查过程中发现，把粪便用作饲料的主要是湖北地区的养殖户，他们多

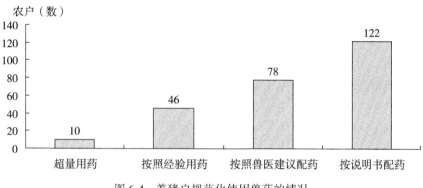

图 6-4　养猪户规范化使用兽药的情况

建有鱼塘，实行"猪-沼-渔"模式；浙江省首个可再生能源发电厂——浙江恒鑫电力有限公司位于龙游县，调查中发现，有 39 户养猪户表示自家猪场的粪便都被发电厂收走用于发电；另外还有 68 户养猪户表示粪便用于出售。可以看出，把粪便进行资源化利用是大多数养猪户的首要选择。

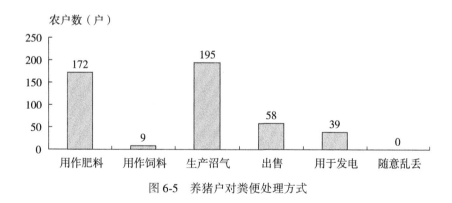

图 6-5　养猪户对粪便处理方式

图 6-6 给出养殖户对污水处理方式的统计情况，从图中可以看出，把污水用来生产沼气是养殖户的主要处理方式，有 212 户养猪户用污水来生产沼气，占样本总量的 82.8%；有 117 户养猪户把污水处理后用以农林灌溉，占样本总量的 45.5%；有 116 户养猪户把污水排入氧化塘进

行净化，占样本总量的 45.3%；另外，还有 10 户养猪户把污水直接还田；有 4 户养猪户把污水直接排入自然环境。由此可以看出，把污水进行资源化利用是大多数养猪户的首要选择，但仍有少许养猪户把污水直接排放，造成环境污染。和粪便相比，污水的产生量大，且液体的流动快，直接排放会大大减少养殖户的治理成本。

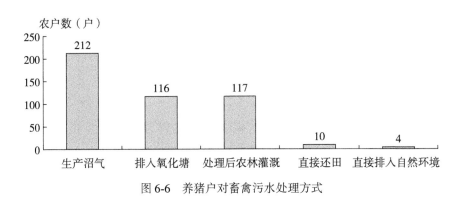

农户数（户）

图 6-6　养猪户对畜禽污水处理方式

从图 6-7 可以看出，在样本养殖户中，有 253 户养猪户（占样本总量 98.8%）表示是通知无害化处理厂的人员把病死猪拖走，并且获得一定的补偿，浙江地区的养猪户表示仔猪/头补贴 30 元，母猪/头补贴 1000 元；而湖北地区的养猪户表示病死猪每头补贴 10 元，相比较而言，浙江地区的病死猪无害化处理补贴力度较大，养猪户将病死猪送到无害化厂进行处理的意愿普遍较高。另外，选择深埋和焚烧病死猪的养殖户有 12 户，占样本总量的 4.7%；调查中发现，没有养猪户愿意将病死猪进行出售，这表明调查区域政府在病死猪管制方面政策执行效果比较好。

四、养猪户环境行为的测评指标与结果

养猪户环境行为不仅涉及环节多、过程复杂，而且贯穿于生猪养殖的源头污染预防、过程质量控制和末端废物治理全过程，最终的目标是

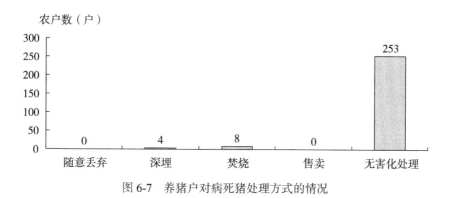

图 6-7 养猪户对病死猪处理方式的情况

实现生猪养殖全过程污染"零排放"和猪肉产品质量安全。传统的单一指标显然不能全面、系统地测评养猪户的环境行为。因此，本节基于养猪户环境行为的特征和实施情况，采用复合型指标对养猪户源头预防行为、过程控制行为和末端治理行为进行分类和评分，根据三类环境行为的总分值来综合评价养猪户的环境行为实施情况。

（一）养猪户环境行为测评指标构成

本书结合养猪户环境行为概念界定和分类，建立了养猪户环境行为评价指标体系，具体指标构成如表 6-2 所示。养猪户环境行为测评指标包括三个方面：

1. 源头预防行为

源头预防行为主要通过猪场离居民区的距离和猪场是否建立沼气池的情况来反映，按照唐学玉（2013）的赋值方法，其取值范围为 0~10。前文关于养殖户产前污染预防行为的采纳情况分析中，猪场的治污设施建设包括生物发酵床、雨污分离设施、氧化塘/生物塘、储粪池/化粪池、沼气池和工业治污设施六种，但在养猪户环境行为评价中，本书只考虑养殖户是否采用了沼气技术。因为综合国内外文献研究和现实基础，沼气技术是养殖户粪污处理的首选，猪场治污设施的建立大多以沼气工程为核心优化组合其他处理技术，从而促进生猪粪便的资源化利用。因此，本书只以沼气技术的采用来测评养猪户源头预防行为。

2. 过程控制行为

这主要通过养猪场的防疫管理和兽药规范使用情况来反映，其取值范围为0~10。为简化测评指标的赋值项，本书按照养猪户防疫管理水平差异分无疫病时没有专门进行防疫、根据自己的经验打疫苗和猪场有严格防疫管理制度三个等级来赋予不同分值；兽药使用情况按照规范化水平差异分为通常会多用药、按经验自己配药、听取兽医的意见配药和严格按说明书配药四个等级来赋予不同分值。

3. 末端治理行为

主要通过粪便的处理方式、污水的处理方式和病死猪的处理方式来反映，其取值范围为0~11。关于粪便的处理方式包括用做肥料、用做饲料、生产沼气、能源发电、出售和随意乱倒，为简化测评指标的赋值项，本书将粪便用做肥料、饲料、沼气和发电均归于粪便的资源化利用；在污水的处理方式上，本书也将污水排入氧化塘、生产沼气和处理后用于农林灌溉均归于污水的资源化利用；关于养殖户对病死猪处理方式包括无害化处理厂、深埋、焚烧、出售和随意丢弃五种。其中，无害化处理厂通过专门的技术工艺处理病死猪，最终达到无菌、无污染、无公害，是病死猪处理的最佳方式；虽然有学者把深埋和焚烧也归为无害化处理行为，但本书认为，有的养殖户会存在掩埋不深、焚烧不彻底的情况，存在污染土壤和水源的隐患；而随意丢弃或售卖病死猪对于公共环境和食品安全都造成了严重的危害，是最不生态的行为表现。需要说明的是，末端废物治理行为的粪便和污水处理题项均为多选题，养殖户在选择了多个分值选项的情况下，本书按照"最差行为评价"原则，选取行为选择的最低分值。最终，这三阶段行为得分的加总求和即为养猪户环境行为的总得分，其取值范围为0~33，该值的得分越高，说明养猪户环境行为实施越好。

表6-2 　　　　　　　　　　养猪户环境行为评价指标体系

	不同阶段 环境行为	分值 范围	具体行为描述	评 分 标 准
养猪户环境行为测评指标	源头预防行为 （SPB）	0~10	猪场离居民区的距离	500 米内，为 0；500~2000 米，为 3；2000 米以上，为 5
			是否建有沼气池	否，为 0；是，为 5
	过程控制行为 （PCB）	0~10	养猪场的防疫管理	无疫病时没有专门进行防疫，为 0；根据自己的经验打疫苗，为 3；猪场有严格防疫管理制度，为 5
			兽药规范使用情况	通常会多用药，为 0；按经验自己配药，为 1；听取兽医的意见配药，为 3；严格按说明书配药，为 5
	末端治理行为 （EMB）	0~11	粪便处理方式	随意乱倒，为 0；出售，为 1；资源化利用，为 3
			污水处理方式	直接排入环境，为 0；直接还田，为 1；资源化利用，为 3
			病死猪处理方式	随意丢弃或售卖，为 0；深埋/焚烧，为 1；无害化处理厂，为 5

（二）养猪户环境行为测评结果分析

根据养猪户环境行为评价指标体系，借鉴唐学玉（2013）的研究方法，本书对养猪户环境行为进行测评的公式如下：

$$FEPB = \sum_{i=1}^{n} SPB + \sum_{i=1}^{n} PCB + \sum_{i=1}^{n} EMB$$

式中，FEPB 为养猪户环境行为，SPB 为源头污染预防行为，PCB 为过程质量控制行为，EMB 为末端废物治理行为。养猪户环境行为得分为各类行为中具体措施得分分值的总和。

根据上述测评公式，最终计算出养猪户环境行为的分值，具体得分如表6-3所示。从表中可以看出，养猪户环境行为的最高得分为31，最低得分为11，均值为25.348。其中，末端废物利用行为的得分均值为10.504，偏向于最高分值11，说明养猪户在末端废物利用方面做得最好。其次是过程质量控制行为，其均值为7.758。最差的是源头污染预防行为，其均值为7.086，有7户养殖户的分值为0，这表明目前猪场的选址大多没有进行科学的规划，容易造成环境污染和邻里冲突。

表6-3　　　　　　　　养猪户环境行为均值及标准差

环境行为类型	最低分值	最高分值	均值	标准差
养猪户环境行为（FEPB）	11	31	25.348	3.954
源头预防行为（SPB）	0	10	7.086	2.376
过程控制行为（PCB）	3	10	7.758	2.107
末端治理行为（EMB）	5	11	10.504	1.323

（三）人口学变量的单因素方差分析

1. 养猪户个体特征与环境行为

表6-4给出了养猪户个体特征变量与环境行为的单因素方差分析结果。从表中可以看出：养猪户的年龄和受教育程度不同，养猪户环境行为在5%的显著水平上存在显著差异。而不同性别的养猪户，其环境行为在5%的显著水平上不存在显著差异。

（1）在性别方面，虽然不同性别养猪户在5%水平下对其环境行为的影响不显著，但是男性养猪户的得分高于女性养猪户的得分，进一步说明男性更多地从事生产相关的活动，对生产活动中人与环境关系的认识更清楚，具有更高的环境行为动机；（2）在年龄方面，30岁以下的养猪户环境行为得分最高，40岁以下的养猪户环境行为得分均高于平均值，随着被调查养猪户年龄的增长，养猪户环境行为的得分逐渐降低；（3）在受教育程度方面，本科及以上养猪户环境行为得分最高，被调查养猪户达到高中及以上文化程度时，他们的得分均高于平均得分，随着养猪户的受教育程度越高，养猪户环境行为得分越高。

表 6-4 养猪户个体特征与环境行为单因素方差分析结果

养猪户个体特征		养猪户环境行为（FEPM）			
		均值	标准差	F 值	Sig
性别	男性	26.028	3.968	0.554	0.457
	女性	24.430	3.744		
年龄	30 岁以下	26.500	3.974	5.283*	0.017
	31~40 岁	25.842	3.944		
	41~50 岁	25.310	3.882		
	51~60 岁	24.232	3.712		
	61 岁以上	23.462	3.763		
受教育程度	小学及以下	23.751	3.316	6.879**	0.013
	初中	24.078	3.674		
	高中/中专	25.499	3.941		
	大专	25.622	3.903		
	本科及以上	26.124	3.852		

* 表示在 0.05 的水平上显著；** 表示在 0.01 的水平上显著。

2. 养猪户经营特征与环境行为

表 6-5 给出了养猪户经营特征变量与环境行为的单因素方差分析结果。（1）养殖收入占比在 5% 水平下对养猪户环境行为具有显著影响，养猪户养殖收入占比为 100% 的养猪户环境行为得分最高，随着养猪户养殖收入占比减少，养猪户环境行为得分逐渐降低，进一步解释了养殖收入占比的养猪户，环保投入越集中，对养猪的重视以及认知程度越高，其环境行为的动机越强；（2）养殖年限在 5% 水平下对养猪户环境行为影响不显著，但是养猪户养殖年限越高，养猪户环境行为得分越高，养猪户养殖年限少于和等于 5 年时，养猪户环境行为得分最低，在平均水平以下；（3）饲养规模在 1% 水平下对养猪户环境行为具有

显著影响，饲养规模小于 499 头时，养猪户环境行为得分最低，随着饲养规模扩大，养猪户环境行为得分提高；（4）是否参与合作社组织在 5%水平下对养猪户环境行为具有显著影响，养猪户参加合作社组织的环境行为得分大于没有参加合作社组织的环境行为得分，也进一步说明参加合作社组织的养猪户获得的信息渠道更多，其环境意识水平相对更高。

表 6-5　　　养猪户经营特征与环境行为单因素方差分析结果

养猪户经营特征		养猪户环境行为			
		均值	标准差	F 值	Sig
养殖收入占比	100%	26.128	3.882	8.087*	0.027
	80%~99%	25.935	3.541		
	60%~79%	24.793	3.238		
	60%以下	24.336	3.011		
养殖年限	5 年以下	24.115	2.993	1.210	0.254
	5~9 年	24.716	3.078		
	10~14 年	25.452	3.374		
	15 年以上	25.891	3.502		
饲养规模	226~499 头	23.594	2.887	8.547**	0.023
	500~999 头	24.789	3.015		
	1000 头以上	25.614	3.381		
合作社参与	是	25.667	3.426	5.896*	0.031
	否	24.189	3.002		

*表示在 0.05 的水平上显著；**表示在 0.01 的水平上显著。

3. 养猪户地理区位特征与环境行为

表 6-6 给出了地理区位特征与养猪户环境行为单因素方差分析结果。通过对养猪户环境行为进行组间均值比较发现，浙江省的养猪户环境行为得分为 26.017，湖北省的养猪户环境行为得分为 24.227，浙江

地区的养猪户环境行为的得分值均比湖北地区养猪户环境行为的得分值要高，这表明浙江省的养猪户较湖北省的养猪户更积极实施环境友好行为，分值进一步说明：经济越发达地区，农户收入水平越高，农户的环境意识水平也普遍越高。同时，通过单因素方差分析可知，在1%的显著水平下，地理区位差异对养猪户环境行为具有显著影响作用。

通过对人口统计变量的单因素方差分析，我们发现不同群体特征的养猪户在环境行为方面表现出显著的差异：（1）养猪户的年龄和受教育程度不同，养猪户环境行为在5%的水平上存在显著差异；（2）养殖收入占比在5%水平下对养猪户环境行为具有显著影响；饲养规模在1%水平下对养猪户环境行为具有显著影响；参与合作社组织在5%水平下对养猪户环境行为具有显著影响；（3）养猪户地理区位差异对养猪户环境行为具有显著影响。进一步说明了养猪户环境行为影响机制的复杂性。但这还不能解释不同的养猪户人口统计变量在不同制度压力、养猪户环境意识以及养猪户环境行为及其不同维度之间的影响机制。本章下一节将进一步验证。

表6-6　　养猪户地理区位特征与环境行为单因素方差分析结果

养猪户地理区位特征		养猪户环境行为			
		均值	标准差	F 值	Sig
地理区位差异	浙江省	26.017	3.622	9.141**	0.002
	湖北省	24.227	3.017		

＊表示在0.05的水平上显著；＊＊表示在0.01的水平上显著。

五、假设检验

为了探讨不同绿色发展制度压力交互效应对养猪户环境行为及其不同维度的影响机制，揭示绿色发展制度压力下养猪户环境行为的形成机制。本书首先探讨各个因素之间的相关关系，然后采用多元回归分析方法检验本章提出的研究假设。

（一）绿色发展制度压力与养猪户环境行为相关分析

表 6-7 给出了绿色发展制度压力不同维度与养猪户环境行为及其不同维度之间皮尔逊相关系数。

表 6-7　　　　绿色发展制度压力与养猪户环境行为相关系数矩阵

变量	GRP	SNP	NIP	SPB	PCB	EMB	FEPB
GRP	1.000						
SNP	0.153*	1.000					
NIP	0.146*	0.143*	1.000				
SPB	0.138*	0.108	0.098	1.000			
PCB	0.155*	0.192**	0.206**	0.215**	1.000		
EMB	0.248**	0.155*	0.188**	0.058	0.109	1.000	
FEPB	0.279**	2.133**	1.95**	3.016**	2.883**	2.671**	1.000

注：相关系数为皮尔逊相关系数。* 表示在 0.05 的水平上显著；** 表示在 0.01 的水平上显著。

从表中可以看出，绿色发展制度压力不同维度与养猪户环境行为在 1% 的显著水平上呈现正相关关系，即养猪户感知的不同制度压力越大，养猪户环境行为的概率也越高；但是绿色发展制度压力不同维度与不同环境行为之间的影响存在差异，可能与养猪户环境意识的中介作用有关，也可能是控制变量的调节作用结果，有待进一步的实证研究检验。

（二）绿色发展制度压力不同维度交互与养猪户环境行为回归分析

在回归分析前，我们对解释变量进行多重共线性检验。解释变量的共线性检验结果如表 6-8 所示。由表 6-8 可知，就环境收益意识而言，VIF 最大值为 1.650，远小于 3；就环境风险意识而言，VIF 最大值为 1.755，远小于 3。由此可知，实证分析选取的解释变量之间的共线性问题不严重，均符合回归的基本要求。

表 6-8　　　　　　　　　　　多重共线性检验

变量	源头预防行为（SPB）		过程控制行为（PCB）		末端治理行为（EMB）	
	VIF	1/VIF	VIF	1/VIF	VIF	1/VIF
性别（XB）	1.221	0.819	1.337	0.748	1.226	0.816
年龄（NL）	1.435	0.697	1.521	0.657	1.467	0.682
受教育程度（JY）	1.372	0.729	1.355	0.738	1.445	0.692
收入占比（SR）	1.712	0.584	1.613	0.620	1.725	0.580
养殖年限（NX）	1.413	0.708	1.410	0.709	1.432	0.698
饲养规模（GM）	1.145	0.873	1.226	0.816	1.210	0.826
合作社成员（ZZ）	1.336	0.749	1.231	0.812	1.259	0.794
湖北（HB）	1.819	0.550	1.778	0.562	1.795	0.557
浙江（ZJ）	1.522	0.657	1.492	0.670	1.572	0.636
政府规制压力（GRP）	1.667	0.600	1.557	0.642	1.601	0.625
社会规范压力（SNP）	1.516	0.660	1.625	0.615	1.614	0.620
邻里效仿压力（NIP）	1.821	0.549	1.912	0.523	1.904	0.525

　　表 6-9 给出了绿色发展制度压力不同维度交互与养猪户环境行为关系回归分析结果。3 个模型的 ΔR^2 均大于 0，表明纳入模型变量增加后，自变量对因变量的解释作用在增强，而且 3 个模型的 F 检验结果在显著水平 0.01 条件下均显著，进一步说明模型具有统计学意义。

表6-9 绿色发展制度压力不同维度交互与养猪户环境行为回归分析结果

因变量＝养猪户环境行为	模型1	模型2	模型3
XB（dummy 变量）	0.009	0.031	0.033
NL（dummy 年龄）	−0.008	−0.029	−0.131*
JY（dummy 变量）	0.157*	0.188**	0.137*
SR（dummy 变量）	0.021	0.095	−0.102
NX（log 年限）	−0.186**	−0.138*	−0.156*
GM（log 头数）	0.166**	0.145*	0.065
ZZ（dummy 变量）	0.133*	0.046	−0.030
QY（dummy 变量）	0.100	0.072	0.079
GRP		0.289**	0.301**
SNP		0.279**	0.202**
NIP		0.251**	0.221**
GRP ＊ SNP			0.167**
SNP ＊ NIP			0.141*
NIP ＊ GRP			0.103
R^2	0.250	0.334	0.336
AdjustedR^2	0.219	0.304	0.306
ΔR^2		0.084	0.002
F 值	4.620**	11.124**	10.246**

＊表示在0.05的水平上显著；＊＊表示在0.01的水平上显著。

模型1纳入控制变量后，受教育程度（γ=0.157，$p<0.05$）、饲养规模（γ=0.166，$p<0.01$）和是否参加合作社组织（γ=0.133，$p<0.05$）对养猪户环境行为具有显著正向影响，而养殖年限（γ=−0.186，$p<0.01$）对养猪户环境行为具有显著负向影响，与张跃华（2012），李立清（2014），吴林海（2015）的研究结论相一致；性别、养猪户年龄、养猪户养殖收入占比和养猪户地理区域特征等控制变量，

对养猪户环境行为影响不显著，说明这四个变量对养猪户环境行为并没有直接影响，但有可能具有调节性作用，需要进一步的实证研究。

模型 2 纳入绿色发展制度压力的三个维度后，政府规制压力（γ=0.289，p<0.01）、社会规范压力（γ=0.279，p<0.01）和邻里效仿压力（γ=0.251，p<0.01）对养猪户环境行为具有显著正向影响。假设 H6-1、H6-2、H6-3 均通过假设检验，说明养猪户所受到的政府规制压力、社会规范压力和邻里效仿压力越高，其环境行为越好。

模型 3 纳入绿色发展制度压力不同维度的交互项后，政府规制压力与社会规范压力的交互项（γ=0.167，p<0.01）、社会规范压力与邻里效仿压力交互项（γ=0.141，p<0.05）对养猪户环境行为具有显著正向影响，假设 H6-4、H6-6 得到支持；而政府规制压力与邻里效仿压力交互项对养猪户环境行为影响不显著，H6-5 没有通过检验，但从影响方向上看，也符合理论预期，进一步说明绿色发展制度压力不同维度之间既存在协同又存在冲突，而不是孤立的，支持了 Suchman（1995）的观点，不能孤立的看制度压力不同维度对个体环境行为的影响。

（三）绿色发展制度压力与养猪户环境行为不同维度回归分析

为了进一步探讨绿色发展制度压力对养猪户环境行为不同维度的影响机制，表 6-10 给出了绿色发展制度压力不同维度与养猪户环境行为不同维度之间关系回归分析结果。6 个模型的 ΔR^2 均大于 0，而且 F 检验结果在显著水平 0.01 条件下均显著，进一步说明模型具有统计学意义。

模型 1 纳入控制变量后，养殖年限（γ=-0.178，p<0.01）对养猪户源头预防行为具有显著负向影响，养猪户地理区域特征变量（γ=0.155，p<0.05）对养猪户源头预防行为具有显著正向影响。说明养殖年限越长的养猪户源头预防行为实施情况要劣于养殖年限短的养猪户；浙江省养猪户源头预防行为实施情况要好于湖北省养猪户。其他控制变量对养猪户源头预防行为影响并不显著，说明在政府规制压力、社会规

范压力和邻里效仿压力等变量不变的情况下，这些变量对养猪户源头预防行为并没有直接影响，但有可能是调节性的变量，需要进一步的实证研究。

模型 2 纳入绿色发展制度压力的三个维度后，政府规制压力（γ＝0.198，p<0.01）、社会规范压力（γ＝0.296，p<0.01）和邻里效仿压力（γ＝0.212，p<0.01）对养猪户源头预防行为具有显著正向影响。说明养猪户所受到的政府规制压力、社会规范压力和邻里效仿压力越高，其源头预防行为实施情况越好。影响机理如图 6-8 所示。

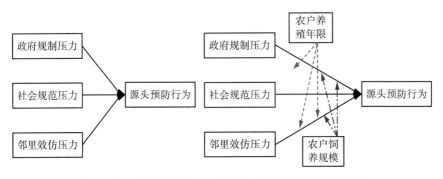

图 6-8　绿色发展制度压力对养猪户源头预防行为影响机理

模型 3 中纳入控制变量后，养殖年限（γ＝-0.173，p<0.01）对养猪户过程控制行为具有显著负向影响，养猪户受教育程度（γ＝0.192，p<0.01）和饲养规模（γ＝0.166，p<0.01）对养猪户过程控制行为具有显著正向影响，这一结论与 Zhong 等（2017）的研究结论相一致。说明养殖年限越长的养猪户过程控制行为实施情况要劣于养殖年限短的养猪户；养猪户受教育程度越高的养猪户和饲养规模越大的养猪户过程控制行为要好于养猪户受教育程度低的养猪户和饲养规模越小的养猪户。其他控制变量对养猪户过程控制行为影响并不显著，说明在相同的制度情景下，这些控制变量对养猪户过程控制行为并没有直接影响。

模型 4 纳入绿色发展制度压力的三个维度后，政府规制压力（γ＝0.179，p<0.01）和社会规范压力（γ＝0.186，p<0.01）对养猪户过程

控制行为具有显著正向影响，但邻里效仿压力对养猪户过程控制行为影响并不显著。说明养猪户所受到的政府规制压力和社会规范压力越高，其过程控制行为实施情况越好。影响机理如图6-9所示。

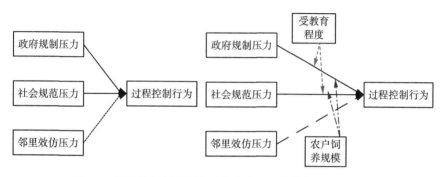

图 6-9　绿色发展制度压力对养猪户过程控制行为影响机理

模型 5 纳入控制变量后，养殖户收入占比（$\gamma = 0.252$，$p<0.01$）、饲养规模（$\gamma = 0.190$，$p<0.01$）和养猪户地理位置（$\gamma = 0.199$，$p<0.01$）对养猪户末端治理行为具有显著正向影响。而其他控制变量对养猪户末端治理行为影响并不显著，但有可能是调节性的变量，需要进一步的实证研究。影响机理如图6-10所示。

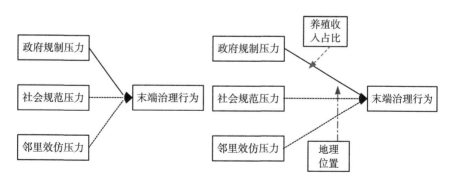

图 6-10　绿色发展制度压力对养猪户末端治理行为影响机理

模型 6 纳入绿色发展制度压力的三个维度后，政府规制压力（$\gamma =$

0.308，p<0.01）对养猪户末端治理行为具有显著正向影响，而社会规范压力和邻里效仿压力对末端治理行为影响关系不显著。说明养猪户所受到的政府规制压力越高，其末端治理行为实施情况越好，社会规范压力和邻里效仿压力对养猪户末端治理行为的影响可能受到控制变量的调节影响，需要进一步实证研究。影响机理如图 6-10 所示。

表6-10　绿色发展制度压力与规模环境行为不同维度回归分析结果

进入变量	源头预防行为（SPB）		过程控制行为（PCB）		末端治理行为（EMB）	
	模型 1	模型 2	模型 3	模型 4	模型 5	模型 6
XB（dummy 变量）	0.112	0.108	0.022	0.031	0.053	0.056
NL（dummy 年龄）	0.091	0.099	0.101	0.085	0.083	0.077
JY（dummy 变量）	0.1.22	0.117	0.192**	0.163**	0.008	0.013
SR（dummy 变量）	0.031	0.101	0.055	0.061	0.252**	0.218**
NX（log 年限）	−0.178**	−0.138*	−0.173**	−0.140*	−0.106	−0.098
GM（log 头数）	0.124	0.115	0.166**	0.148*	0.190**	0.131*
ZZ（dummy 变量）	0.127	0.120	0.123	0.115	0.076	0.081
QY（dummy 变量）	0.155**	0.143*	0.096	0.088	0.199**	0.195**
GRP		0.198**		0.179**		0.308**
SNP		0.296**		0.186**		0.121
NIP		0.217**		0.123		0.114
R2	0.176	0.234	0.108	0.157	0.259	0.317
AdjustedR2	0.145	0.200	0.126	0.199	0.212	0.286
ΔR2		0.058		0.049		0.058
F 值	4.529**	6.778**	4.857**	5.116**	5.936**	10.459**

＊表示在 0.05 的水平上显著；＊＊表示在 0.01 的水平上显著。

六、本章小结

本章以浙江省和湖北省的256家规模养猪户为研究样本，验证了绿色发展制度压力及其不同维度对养猪户环境行为的影响机制。主要结论包括：

第一，绿色发展制度压力对养猪户环境行为及其不同维度影响存在差异。从构念层面看：政府规制压力、社会规范压力和邻里效仿压力对养猪户环境行为均具有显著的正向影响。从维度层面看：政府规制压力、社会规范压力和邻里效仿压力对养猪户源头预防行为具有显著正向影响；政府规制压力和社会规范压力对养猪户过程控制行为具有显著正向影响，而邻里效仿压力对养猪户过程控制行为影响并不显著；政府规制压力对养猪户末端治理行为具有显著正向影响，而社会规范压力和邻里效仿压力对末端治理行为影响关系不显著。

第二，绿色发展制度压力不同维度交互对养猪户环境行为具有显著影响。政府规制压力与社会规范压力的交互项、社会规范压力与邻里效仿压力交互项对养猪户环境行为具有显著正向影响。而政府规制压力与邻里效仿压力交互项对养猪户环境行为影响不显著，没有通过检验，但从影响方向上看，也符合理论预期，进一步说明制度压力不同维度之间既存在协同又存在冲突，而不是孤立存在的。

第七章　养猪户环境意识的中介作用检验

在第五章和第六章中本书将制度压力作为自变量，分别探讨了绿色发展制度压力对养猪户环境意识和环境行为的影响机制。上述研究并没有检验养猪户环境意识及其不同维度在绿色发展制度压力与养猪户环境行为之间的作用机理。因此，在前两章实证研究的基础上，本章将绿色发展制度压力、环境意识与养猪户环境行为三者联系起来，形成一个整合的研究框架，考察养猪户环境意识在绿色发展制度压力与环境行为之间作用机理。同样以浙江省和湖北省的 256 家规模养猪户为样本，通过实证研究检验绿色发展制度压力、环境意识与养猪户环境行为之间的关系。

一、问题提出

通过第五章实证研究，我们发现绿色发展制度压力不同维度对养猪户环境意识具有显著的影响；通过第六章实证研究，揭示了绿色发展制度压力不同维度对养猪户环境行为及其不同维度的影响机制存在差异，接下来从理论层面需要深化的问题是：

第一，养猪户环境意识在多大程度上影响其环境行为？根据计划行为理论和环境行为理论的解释，养猪户环境意识对环境行为具有显著的正向影响，但是 Hines 等（1986），Eckes 和 Six（1994）、周锦和孙杭生（2009）、王常伟和顾海英（2012）、谭荣（2012）等学者的研究表明，养猪户环境意识与环境行为之间的关系存在着明显的不一致。上述研究都基于计划行为理论和环境行为理论关于农户外部环境是一致和稳

156

定的理论假设，这一理论假设显然与实际不相符合，因为农户环境行为是在一定的外部环境条件下发生的，因此本书将养猪户环境行为内嵌入社会制度环境之中，从场域层次的认知、规范、管制等社会制度环境视角来探讨养猪户环境意识与环境行为之间的关系。

第二，养猪户环境意识及其不同维度在绿色发展制度压力与环境行为之间扮演了什么样的角色？环境行为理论解释了养猪户环境意识对环境行为的影响机制，但遗憾的是，现有的研究没有同时考虑环境风险意识和环境收益意识对环境行为的影响，也没有进一步揭示养猪户环境风险意识和环境收益意识在绿色发展制度压力与环境行为之间的作用机理是中介还是调节？

因此，本章将在前人相关研究成果的基础上，通过实证研究，进一步探讨绿色发展制度压力、环境意识与养猪户环境行为之间的作用机理。

二、研究假设与概念模型

(一) 养猪户环境意识影响其环境行为

认知行为理论为解释养猪户环境意识对环境行为的影响机制提供了理论基础。根据认知行为理论关系逻辑，养猪户对外部制度压力的感知越强，其环境意识越强，养猪户采取环境行为的可能性越高。

Allen 和 Ferrand（1999）实证研究表明，个体的自我效能感对其亲环境行为的实施具有显著的正向影响；Hirsh 和 Dolderman（2007）研究认为，物质主义观念强的个体更加看重物质财富，在追逐经济利益的过程中更容易忽视环境保护问题；McMahon（2011），Andrade 和 Anneberg（2014）研究表明，养猪户收入水平和环境风险偏好对其病死猪处理行为具有显著影响。潘丹和孔凡斌（2015）通过实证研究发现，养猪户畜禽粪便处理认知对环境友好型畜禽粪便处理行为的选择具有显著正向影响；张郁等（2016）指出，养猪户环境风险因素是养猪户在生猪养殖过程中所造成周围环境影响的主观感受和心理认知，养猪户环境风险意识会显著影响其环境行为决策。据此，我们提出：

H7-1：养猪户环境意识对环境行为具有显著正向影响。

H7-1a：养猪户环境收益意识对环境行为具有显著正向影响。

H7-1b：养猪户环境风险意识对环境行为具有显著正向影响。

（二）养猪户环境意识的中介作用

根据环境压力-认知-行为的逻辑分析框架，外部绿色发展制度压力通过影响养猪户环境意识，进而影响养猪户环境行为的实施。因此，养猪户环境意识在绿色发展制度压力与环境行为之间起到了中介作用。

部分学者实证研究也表明，养猪户环境意识在绿色发展制度压力与环境行为之间扮演中介作用。具体的逻辑推理如下：首先，政府规制压力通过养猪户环境意识影响养猪户环境行为。一方面，政府出台的环境规制政策越严厉，越会引起养猪户对环境问题等方面信息的关注，环境意识强的养猪户会关注其他养猪户在环保方面的最佳实践，效仿其他养猪户好的做法（潘丹和孔凡斌，2015）。王建华等（2016）实证研究也表明，生猪养殖户对病死猪无害化处理政策的了解程度越高，其重视程度也会越高，养猪户病死猪不当处理行为风险发生的概率会降低；另一方面，政府促进绿色发展的激励政策也会让养猪户意识到环境行为会带来好处，部分养猪户为了获得政府在环保方面的扶持，会考虑采取环境行为（左志平，2016a）。其次，社会规范压力通过养猪户环境意识影响养猪户环境行为。一方面，社会公众（供应商、消费者等利益相关主体）对猪肉产品的质量规范要求越高，养猪户意识到非环境友好行为可能存在的商业风险越大，加大了养猪户对环境行为的重视，并积极通过环保措施改进养殖方式（左志平，2016c）；另一方面，社会公众的环保要求越高，会让养猪户意识到绿色猪肉产品溢价带来的潜在收益，进而采取环境行为（姜百臣等，2013；汪爱娥，2016）。最后，邻里效仿压力通过养猪户环境意识影响环境行为。在从众心理的影响下，典型养猪户实施环境行为获利可能会诱导养猪户环境行为的实施（郑黄山等，2017）。基于此，本书提出如下假设：

H7-2：养猪户环境意识在绿色发展制度压力与环境行为之间起到中介作用。

H7-2a：养猪户环境意识在政府规制压力与环境行为之间起到中介作用。

H7-2b：养猪户环境意识在社会规范压力与环境行为之间起到中介作用。

H7-2c：养猪户环境意识在邻里效仿压力与环境行为之间起到中介作用。

（三）养猪户环境意识的调节作用

依据计划行为理论的解释，环境意识越强的养猪户，其感知到的环境规制压力会越强，养猪户越能采取主动的策略从源头上采取行为来降低养猪业对环境的污染。环境意识较弱的养猪户，由于缺乏解决环境问题的经验，往往很难意识到环境行为所带来的好处（比如养殖废弃物循环利用带来的经济效益等），加上养猪户实施环境行为所带来的效益部分是隐性的，往往很难引起养猪户的高度重视。因此，养猪户环境意识在绿色发展制度压力与环境行为之间起到了调节作用。

崔小年（2014）的实证研究表明，养殖户缺失外部制度压力的约束，往往表现出较低环境意识。左志平等（2017）的研究表明，政府规制压力、供应商和消费者规范压力在一定程度上驱动了养猪户环境行为的实施，但是由于养殖户环境意识淡薄，他们往往采取消极、应对的方式来满足环境法规的最低要求，这也导致了目前养猪业环境污染事件和质量安全问题屡见不鲜，如"海南罗牛山污染事件""洞庭湖养猪污染事件"等。因此，养猪户环境意识越强，一方面遵循环境规制和行业规范要求的意识就越强，另一方面更可能识别环境行为带来的好处，实施环境行为的积极性会更高。郭利京和赵瑾（2014a）通过对养猪户秸秆处理行为影响机制的研究发现，树立重要人物，如村干部、典型养猪户的表率作用，对环境社会风气的形成具有重要的影响，有助于增强养猪户环境友好行为的动机。据此，我们提出如下假设：

H7-3：养猪户环境意识越强，绿色发展制度压力对环境行为正向影响越强。

H7-3a：养猪户环境意识越强，政府规制压力对环境行为正向影响越强。

H7-3b：养猪户环境意识越强，社会规范压力对环境行为正向影响越强。

H7-3c：养猪户环境意识越强，邻里效仿压力对环境行为正向影响越强。

（四）绿色发展制度压力、环境意识与养猪户环境行为的关系模型

通过文献研究及相关理论分析，本书建立了绿色发展制度压力、养猪户环境意识与环境行为之间关系模型，如图 7-1 所示，进而对模型进行验证。

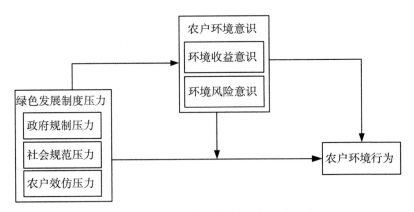

图 7-1　绿色发展制度压力、环境意识与养猪户环境行为关系模型

三、假设检验

为了探讨绿色发展制度压力、环境意识与养猪户环境行为之间的

影响机制，揭示绿色发展制度压力下养猪户环境行为的形成机制，本节首先探讨各个因素之间的相关关系，然后实证检验本章提出的研究假设。

（一）绿色发展制度压力、环境意识与养猪户环境行为相关关系

表 7-1 是绿色发展制度压力不同维度、环境意识不同维度与养猪户环境行为不同维度之间皮尔逊相关系数。从表中可以看出，绿色发展制度压力不同维度、养猪户环境意识两个维度与养猪户环境行为不同维度在 1% 的显著水平上呈现正相关关系，即养猪户感知的绿色发展制度压力越大，养猪户的环境认知水平越高，养猪户环境行为的概率也越高。

表 7-1　绿色发展制度压力、环境意识与养猪户环境行为相关系数矩阵

变量	GRP	SNP	NIP	ERA	EBA	FEA	SPB	PCB	EMB	FEPB
GRP	1.000									
SNP	0.153*	1.000								
NIP	0.146*	0.143*	1.000							
ERA	0.185**	0.250**	0.263**	1.000						
EBA	0.421**	0.277**	0.169*	0.272**	1.000					
FEA	0.396**	0.160**	0.168*	0.136*	0.102	0.313**				
SPB	0.138*	0.108	0.098	0.260*	0.118	0.248**	1.000			
PCB	0.155*	0.192**	0.206**	0.120	0.207**	0.122	0.215**	1.000		
EMB	0.248**	0.155*	0.188**	-0.039	0.152*	0.207**	0.058	0.109	1.000	
FEPB	0.279**	2.133**	1.95**	2.574**	2.056**	0.2.771**	3.016**	2.883**	2.671**	1.000

注：相关系数为皮尔逊相关系数。* 表示在 0.05 的水平上显著；** 表示在 0.01 的水平上显著。

（二）绿色发展制度压力、环境意识与养猪户环境行为全模型检验

为了从构念层面检验绿色发展制度压力对养猪户环境行为的作用机理，本书采用结构方程模型（Structural Equation Model，简称 SEM）进行分析。结构方程模型具有能同时进行潜变量测度和构念间关系分析的独特能力以及直接检验中介效应（Mediation Effects）的突出特征。本书采用结构方程模型，按照如下步骤对第三章提出的命题进行全模型分析：首先将相关潜变量作为一个整体构念纳入全模型中进行分析，然后将绿色发展制度压力和养猪户环境意识的不同维度作为独立构念纳入分维度模型中进行分析。

1. 全模型构建

基于本书第三章、第四章构建的"绿色发展制度压力→环境意识→环境行为"的理论框架进行结构方程模型刻画和变量路径设置。全模型分析的路径如图 7-2 所示。该模型共有外源观察变量 3 个，分别为政府规制压力（GR）、社会规范压力（SN）和邻里效仿压力（NI），内源观察变量 5 个，分别为环境风险意识（ERA）、环境收益意识（EBA），养猪户源头预防行为（SPB）、过程控制行为（PCB）和末端治理行为（EMB），外源潜变量 1 个，为绿色发展制度压力（IR），内源潜变量 2 个，分别为养猪户环境意识（EA）和养猪户环境行为（EB）。此外，考虑到误差问题，自动引入了 10 个观测变量和潜变量的残余变量（Residual Variance）。在此基础上，全模型分析共设置了 3 条结构路径。其中 γ1 和 γ3 为外源潜变量对内源潜变量的影响路径，γ2 为内源潜变量对内源潜变量产生的影响路径。

2. 拟合结果分析

根据马庆国提出的全模型分析方法，首先以各维度所包含的题项得分的均值作为该维度的得分，再以该维度作为全模型分析中潜变量的观测指标进行分析。为了降低潜在的多重共线性问题，本书采用 VIF 来衡

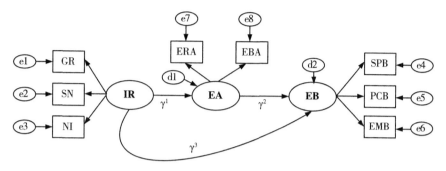

图 7-2 结构方程全模型及路径系数图

量是否存在多重共线性，本书各变量的 VIF 值均小于 10，说明多重共线性的威胁可以忽略。通过协方差矩阵的导入和 Lisrel8.7 软件包的迭代运算，得到绿色发展制度压力、养猪户环境意识与环境行为之间相互关系以及各潜变量与对应测量值的因子负荷量如图 7-3 所示。

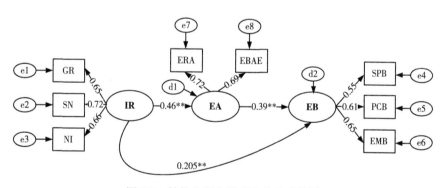

图 7-3 结构方程全模型及路径系数图

从表 7-2 中可以看出，全模型的拟合在整体上和路径参数的显著性上都呈现了较好的拟合效果。其中 χ^2/df 值为 2.643，小于 3 的临界标准；RMSEA 这个被广泛重视和应用的统计指标值为 0.055，小于 0.08 的临界要求；NFI，NNFI 和 CFI 指标都近似达到了 0.900 的拟合要求。从结构路径上来看，$\gamma 1$、$\gamma 2$ 和 $\gamma 3$ 三条路径都通过了 T 值大于 1.960 的显著性检验，并与理论预期的方向一致。此外，各潜变量的因子载荷的T值也都大于1.960的临界，表明全模型的拟合度较好，全模型与观测数据整体拟合优度是可以接受的。

表7-2　　　　　绿色发展制度压力的全模型路径系数和检验指数

路径描述	路径系数	标准化估计值	显著性T检验
养猪户环境意识←绿色发展制度压力	$\gamma 1$	0.460	3.240（>1.960）
养猪户环境行为←养猪户环境意识	$\gamma 2$	0.390	2.852（>1.960）
养猪户环境行为←绿色发展制度压力	$\gamma 3$	0.205	2.013（>1.960）
拟合检验指标	拟合值		临界参考值
χ^2/df	2.515		<3
RMSEA	0.054		<0.08
CFI	0.902		>0.90
NNFI	0.901		>0.90
GFI	0.897		>0.90
AGFI	0.898		>0.90

3. 影响效应与假设验证分析

结构方程能以直观的方式呈现变量之间的关系，特别是对于本书特别关注的绿色发展制度压力与养猪户环境行为之间的直接关系和经由养猪户环境意识形成的间接效应中介效应，也可以清晰地展示绿色发展制度压力对中介变量和因变量的影响效应。一般而言，构念间的影响关系可以区分为直接效应（Direct Effect）、间接效应（Indirect Effect）和总效应（Total Effect）三个方面。根据全模型分析路径图，本书构念间的影响关系以及直接效应、间接效应和总效应分解如表7-3所示。其中，绿色发展制度压力对养猪户环境意识的直接效应为0.461（p<0.001），对环境行为的直接效应和间接效应分别为0.205（p<0.001）、0.179（p<0.001）；养猪户环境意识对环境行为的直接效应为0.392（p<

0.001）。

表 7-3　　　　　　　　　　　全模型分析的影响效应关系

影响潜变量	影响效应	被影响潜变量	
		环境意识	环境行为
绿色发展制度压力	直接效应	0.461	0.205
	间接效应	/	0.179
	总效应	0.461	0.384
环境意识	直接效应	/	0.392
	间接效应	/	/
	总效应	/	0.392

注："/"表示本身即不存在。

由表 7-3 和图 7-3 可知，在 5% 的置信水平下，绿色发展制度压力、养猪户环境意识和养猪户环境意识之间路径系数是显著的（T 值>1.96），说明本书提出的命题一：外部制度压力对养猪户环境行为具有正向的影响关系，命题二：养猪户环境意识对养猪户环境行为具有正向的影响关系，均通过假设检验。

具体来看：（1）绿色发展制度压力对养猪户环境意识和环境行为的正向作用都显著，但绿色发展制度压力对养猪户环境意识的影响程度（总效应为 0.461）要高于其与养猪户环境行为的影响程度（总效应为 0.384），可能是因为，环境意识是反映了农户对政府规制、社会规范、邻里效仿的解读能力和认知水平，是外部制度压力直接作用的对象，而环境行为是对认知之后的行为意向，可能受到养殖规模、地理位置、农户个体特征等多元因素的影响，因而影响程度会相应降低；（2）环境意识与环境行为之间的关系显著正向相关，说明养猪户对政府规制、社会规范、邻里效仿的解读能力和认知能力在一定程度上促进了养猪户环境行为的形成和演化，进一步说明养猪户环境意识在外部制度压力与环境行为之间起到了中介作用。

(三) 养猪户环境意识分维度的中介和调节效应检验

本书根据温忠麟和侯杰泰 (2005) 运用多元回归检验中介效应的方法，检验养猪户环境意识的中介作用。检验过程如下：(1) 做自变量 X (本书中的自变量是政府规制压力、社会规范压力和邻里效仿压力) 对因变量 Y (本书中的因变量是养猪户环境行为) 的回归分析，如果总效应系数显著，则继续做下一步的检验工作，如果总效应系数不显著，则停止检验，表明自变量对因变量不存在中介效应。(2) 做自变量 X 对中介变量 M (本书中的中介变量是养猪户环境意识) 的回归分析，若回归系数显著，则继续做下一步的检验工作，若回归系数不显著，表明自变量对因变量不存在中介效应。

本书按照陈晓萍等 (2008) 运用多层回归分析检验各维度间的交互效应的方法来检验养猪户环境意识及其不同维度的调节作用。如果自变量 X (本书中的自变量是政府规制压力、社会规范压力和邻里效仿压力) 与因变量 Y (本书中的因变量是养猪户环境行为) 的回归分析结果显著，且自变量 X 与因变量 Y 的关系还受第三个变量 M (本书中的调节变量是养猪户环境意识) 的影响，那么变量 M 就是调节变量。

1. 养猪户环境意识在绿色发展制度压力与环境行为间中介和调节效应检验

根据温忠麟和侯杰泰 (2005) 提出的中介检验和调节检验方法的步骤，本节首先检验养猪户环境意识对绿色发展制度压力与环境行为的中介和调节作用。具体回归分析结果如表7-4所示。从表中可以看出，5 个模型的 R^2 逐渐增大，说明变量对因变量养猪户环境意识的解释作用在增强；F 检验结果在显著水平0.01 条件下均显著，说明模型具有统计学意义。

表 7-4　　　　　养猪户环境意识在绿色发展制度压力与
环境行为间的中介和调节作用

因变量=环境行为	模型 1	模型 2	模型 3	模型 4	模型 5
XB（dummy 变量）	0.054	0.063	0.055	0.068	0.087
NL（dummy 年龄）	0.048	-0.001	-0.071	-0.011	-0.026
JY（dummy 变量）	0.155**	0.168**	0.101	0.093	0.102
SR（dummy 变量）	0.043	0.023	0.067	0.085	0.085
NX（log 年限）	-0.181**	-0.214**	-0.146*	-0.113	-0.113
GM（log 头数）	0.227**	0.217**	0.209**	0.198**	0.153*
ZZ（dummy 变量）	0.171**	0.018	0.099	0.043	0.113
QY（dummy 变量）	0.057	0.040	0.061	0.007	0.012
GRP		0.397**	0.221**	0.188**	0.179**
SNP		0.224**	0.206**	0.200**	0.211**
NIP		0.152*	0.151*	0.157*	0.149*
FEA			0.186**	0.188**	0.176**
GRP*FEA				0.155*	0.148*
SNP*FEA				0.147*	0.145*
NIP*FEA				0.098	0.045
GM*FEA					0.141*
R2	0.187	0.207	0.226	0.251	0.265
ΔR2		0.020	0.019	0.023	0.014
F 值	3.851**	5.790**	6.127**	5.193**	6.057**

*表示在 0.05 的水平上显著；** 表示在 0.01 的水平上显著。

模型 1 纳入 8 个控制变量后，受教育程度（γ=0.155，p<0.01）和是否参加合作社组织（γ=0.171，p<0.01）对养猪户环境意识具有显著正向影响，养殖年限（γ=-0.181，p<0.01）和饲养规模（γ=-0.227，p<0.01）对养猪户环境意识具有显著负向影响。

167

模型 2 纳入绿色发展制度压力三个维度变量后，政府规制压力（γ=0.397，p<0.01）、社会规范压力（γ=0.224，p<0.01）和邻里效仿压力（γ=0.152，p<0.05）对养猪户环境意识具有显著正向影响。进一步验证了假设 H5-1、H5-2、H6-3。

模型 3 纳入养猪户环境意识后，养猪户环境意识对环境行为（γ=0.186，p<0.01）具有显著正向影响，假设 H7-1 通过假设检验。政府规制压力（γ=0.221，p<0.01）、社会规范压力（γ=0.206，p<0.01）和邻里效仿压力（γ=0.151，p<0.05）对养猪户环境意识影响显著，但回归系数均明显减少，说明政府规制压力、社会规范压力和邻里效仿压力不仅对养猪户环境意识产生直接效应，而且通过养猪户环境意识对养猪户环境行为产生部分中介效应，因此，命题三、命题四、命题五、假设 H7-2、H7-2a、H7-2b、H7-2c 均通过假设检验。影响机制如图 7-4 所示。

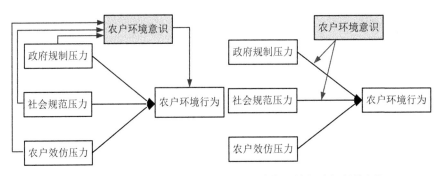

图 7-4　养猪户环境意识在绿色发展制度压力与环境行为间的作用机理

模型 4 纳入政府规制压力、社会规范压力和邻里效仿压力与养猪户环境意识的交互项后，环境意识与政府规制压力交互（γ=0.155，p<0.05）、环境意识与社会规范压力交互（γ=0.147，p<0.05）对养猪户环境行为具有显著正向影响，说明养猪户环境意识在政府规制压力、社会规范压力与养猪户环境行为之间具有显著调节作用，因此，假设 H7-3 部分通过假设检验，H7-3a、H7-3b 均通过假设检验，而 H7-3c 没有

通过假设检验。影响机制如图 7-4 所示。

模型 5 纳入控制变量与养猪户环境意识的交互项，经过逐步回归剔除掉不显著的变量后，饲养规模与养猪户环境意识的交互项（$\gamma = 0.141$，$p < 0.05$）对养猪户环境行为具有显著正向影响，说明饲养规模在养猪户环境意识与环境行为之间起到调节作用。进一步说明，饲养规模越大的养猪户，其环境意识对环境行为的影响关系越明显。

2. 养猪户环境意识在绿色发展制度压力与不同环境行为间的中介和调节效应检验

为了进一步探讨养猪户环境意识在绿色发展制度压力与环境行为不同维度之间的作用，表 7-5 给出了回归分析结果。从表中可以看出，4个模型的 R^2 逐渐增大，F 检验结果在显著水平 0.01 条件下均显著，说明模型具有统计学意义。

模型 1 纳入 8 个控制变量后，结果显示：受教育程度（$\gamma = 0.155$，$p < 0.05$）、饲养规模（$\gamma = 0.216$，$p < 0.01$）和是否参加合作社组织（$\gamma = 0.166$，$p < 0.01$）对养猪户源头预防行为具有显著正向影响，养殖年限（$\gamma = -0.179$，$p < 0.01$）对养猪户源头预防行为具有显著负向影响。

模型 2 纳入政府规制压力、社会规范压力和邻里效仿压力 3 个预测变量后，政府规制压力（$\gamma = 0.421$，$p < 0.01$）、社会规范压力（$\gamma = 0.234$，$p < 0.01$）和邻里效仿压力（$\gamma = 0.153$，$p < 0.05$）对养猪户源头预防行为具有显著正向影响。

模型 3 纳入养猪户环境意识后，政府规制压力（$\gamma = 0.221$，$p < 0.01$）、社会规范压力（$\gamma = 0.206$，$p < 0.01$）和邻里效仿压力（$\gamma = 0.151$，$p < 0.05$）对养猪户源头预防行为具有显著正向影响，但回归系数均明显减少，说明政府规制压力、社会规范压力和邻里效仿压力不仅对源头预防行为产生直接效应，而且通过环境意识对源头预防行为产生部分中介效应。影响机制如图 7-5 所示。

模型 4 纳入绿色发展制度压力不同维度与环境意识的交互项后，养猪户环境意识与政府规制压力交互（$\gamma = 0.155$，$p < 0.05$）、社会规范压

表7-5　养猪户环境意识两个维度在绿色发展制度压力与环境行为不同维度间的中介与调节效应

加入变量	源头预防行为				过程控制行为				末端治理行为			
	模型 1	模型 2	模型 3	模型 4	模型 5	模型 6	模型 7	模型 8	模型 9	模型 10	模型 11	模型 12
XB（dummy 变量）	0.054	0.063	0.055	0.078	0.007	0.012	0.061	0.082	0.102	0.087	0.090	0.113
NL（dummy 年龄）	0.048	-0.001	-0.071	-0.011	-0.093	-0.055	-0.034	-0.042	-0.011	-0.023	-0.018	-0.052
JY（dummy 变量）	0.155*	0.171**	0.101	0.093	0.199**	0.181**	0.171**	0.188**	0.104	0.111	0.104	0.116
SR（dummy 变量）	0.043	0.023	0.067	0.085	0.043	0.099	0.061	0.083	0.167**	0.169**	0.161**	0.183**
NX（log 年限）	-0.179**	-0.227**	-0.146*	-0.113	-0.163**	-0.151*	-0.157*	-0.108	-0.100	-0.107	-0.120	-0.092
GM（log 头数）	0.216**	0.217**	0.209**	0.223**	0.168**	0.149*	0.082	0.053	0.176**	0.165**	0.152*	0.153*
ZZ（dummy 变量）	0.166**	0.018	0.099	0.043	0.101	0.103	0.095	0.066	0.089	0.100	0.099	0.081
QY（dummy 变量）	0.057	0.040	0.061	0.017	0.088	0.092	0.071	0.008	0.188**	0.152**	0.170**	0.168**
GRP		0.421**	0.221**	0.188**		0.377**	0.322**	0.201**		0.301**	0.289**	0.225**
SNP		0.234**	0.206**	0.200**		0.205**	0.203**	0.189**		0.105	0.097	0.109
NIP		0.153*	0.151*	0.157*		0.122	0.118	0.121		0.155*	0.148*	0.144*
FEA			0.186**	0.185**			0.179**	0.178**			0.181**	0.171**

续表

加入变量	源头预防行为				过程控制行为				末端治理行为			
	模型 1	模型 2	模型 3	模型 4	模型 5	模型 6	模型 7	模型 8	模型 9	模型 10	模型 11	模型 12
GRP * FEA				0.155*				0.154*				0.149*
SNP * FEA				0.147*				-0.021				-0.071
NIP * FEA				0.098				0.077				0.086
R2	0.187	0.207	0.226	0.251	0.179	0.194	0.221	0.248	0.171	0.195	0.222	0.249
ΔR2		0.020	0.019	0.023		0.015	0.025	0.027		0.024	0.027	0.027
F 值	3.851**	5.790**	6.127**	5.193**	3.224**	5.667**	6.092**	6.197**	3.218**	5.716**	6.173**	6.189**

* 表示在 0.05 的水平上显著；** 表示在 0.01 的水平上显著。

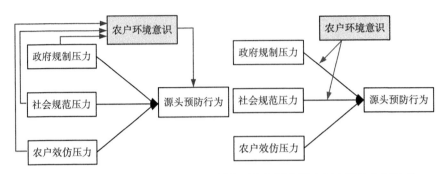

图 7-5　养猪户环境意识在绿色发展制度压力与源头预防行为间的作用机理

力与养猪户环境意识交互（γ=0.147，p<0.05）对源头预防行为具有显著正向影响，说明环境意识在政府规制压力和社会规范压力与源头预防行为之间具有调节作用。影响机制如图 7-5 所示。

模型 5 纳入 8 个控制变量后，受教育程度（γ=0.199，p<0.01）和饲养规模（γ=0.168，p<0.01）对养猪户过程控制行为具有显著正向影响，养殖年限（γ=-0.163，p<0.01）对养猪户过程控制行为具有显著负向影响。

模型 6 纳入政府规制压力、社会规范压力和邻里效仿压力 3 个预测变量后，政府规制压力（γ=0.377，p<0.01）和社会规范压力（γ=0.205，p<0.01）对养猪户过程控制行为具有显著正向影响。

模型 7 纳入环境意识变量后，政府规制压力（γ=0.322，p<0.01）和社会规范压力（γ=0.203，p<0.01）对过程控制行为具有显著正向影响，但回归系数有所减少，说明政府规制压力和社会规范压力不仅对过程控制行为产生直接效应，而且通过环境意识对过程控制行为产生部分中介效应。影响机制如图 7-6 所示。

模型 8 纳入绿色发展制度压力不同维度与养猪户环境意识的交互项后，只有养猪户环境意识与政府规制压力交互（γ=0.154，p<0.05）对过程控制行为具有显著正向影响，说明环境意识在政府规制压力与过程控制行为之间具有调节作用。影响机制如图 7-6 所示。

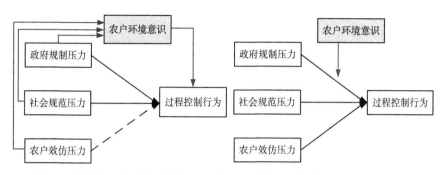

图 7-6　养猪户环境意识在绿色发展制度压力与过程控制行为间的作用机理

　　模型 9 纳入 8 个控制变量后，养猪户收入占比（γ＝0.167，p＜0.01）、饲养规模（γ＝0.176，p＜0.01）和区域地理位置（γ＝0.188，p＜0.01）对养猪户末端治理行为具有显著正向影响。

　　模型 10 纳入政府规制压力、社会规范压力和邻里效仿压力 3 个预测变量后，政府规制压力（γ＝0.301，p＜0.01）和邻里效仿压力（γ＝0.155，p＜0.05）对养猪户末端治理行为具有显著正向影响。

　　模型 11 纳入环境意识变量后，政府规制压力（γ＝0.289，p＜0.01）和邻里效仿压力（γ＝0.148，p＜0.05）对末端治理行为具有显著正向影响，但回归系数有所减少，说明政府规制压力和邻里效仿压力不仅对末端治理行为产生直接效应，而且通过环境意识对末端治理行为产生部分中介效应。影响机制如图 7-7 所示。

　　模型 12 纳入绿色发展制度压力不同维度与养猪户环境意识的交互项后，只有养猪户环境意识与政府规制压力交互（γ＝0.149，p＜0.05）对末端治理行为具有显著正向影响，说明环境意识在政府规制压力与末端治理行为之间具有调节作用。影响机制如图 7-7 所示。

（四）养猪户环境意识不同维度的中介和调节效应检验

1. 养猪户环境意识不同维度在绿色发展制度压力与环境行为间的中介和调节效应检验

　　为了进一步探讨养猪户环境意识不同维度在绿色发展制度压力与环

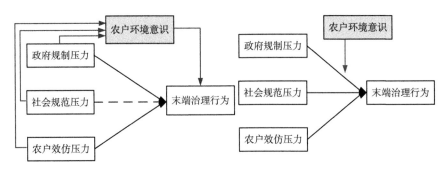

图 7-7 养猪户环境意识在绿色发展制度压力与末端治理行为间的作用机理

境行为之间的作用，表 7-6 给出了回归分析结果。4 个模型的 R^2 逐渐增大，说明变量对因变量养猪户环境行为的解释作用在增强；F 检验结果在显著水平 0.01 条件下均显著，说明模型具有统计学意义。由于模型 1、模型 2、模型 5、模型 6 回归分析结果与表 7-4 相同，所以此处不再解释。

模型 3 纳入养猪户环境收益意识后，政府规制压力（$\gamma = 0.211$，$p < 0.01$）和社会规范压力（$\gamma = 0.209$，$p < 0.01$）对环境行为影响显著，但回归系数均明显减少，说明政府规制压力和社会规范压力不仅对养猪户环境意识产生直接效应，而且通过养猪户环境收益意识对环境行为产生部分中介效应，因此，假设 H7-1a 通过假设检验。影响机制如图 7-8 所示。

模型 4 纳入政府规制压力、社会规范压力和邻里效仿压力与养猪户环境收益意识的交互项后，养猪户环境收益意识与社会规范压力交互、养猪户环境收益意识与邻里效仿压力交互均对养猪户环境意识具有显著正向影响。说明养猪户环境收益意识在社会规范压力和邻里效仿压力与养猪户环境行为之间具有调节作用。影响机制如图 7-9 所示。

模型 7 纳入养猪户环境风险意识后，绿色发展制度压力的三个维度中，政府规制压力（$\gamma = 0.216$，$p < 0.01$）和邻里效仿压力（$\gamma = 0.155$，$p < 0.05$）对养猪户环境意识影响显著，但回归系数均明显减少，说明

表 7-6　养猪户环境意识两个维度在绿色发展制度压力与环境行为间的中介与调节效应

因变量=养猪户环境行为	模型 1	模型 2	模型 3	模型 4	模型 5	模型 6	模型 7	模型 8
XB（dummy 变量）	0.054	0.063	0.082	0.097	0.054	0.063	0.027	0.066
NL（dummy 年龄）	0.048	-0.001	-0.012	-0.045	0.048	-0.001	-0.046	-0.015
JY（dummy 变量）	0.155**	0.168**	0.107	0.082	0.155**	0.168**	0.144*	0.178**
SR（dummy 变量）	0.043	0.023	0.099	0.105	0.043	0.023	0.055	0.086
NX（log 年限）	-0.181**	-0.214**	-0.159*	-0.135*	-0.181**	-0.214**	-0.189**	-0.159*
GM（log 头数）	0.227**	0.017	0.032	0.079	0.227**	0.017	0.006	0.003
ZZ（dummy 变量）	0.171**	0.018	0.007	0.012	0.171**	0.018	0.057	0.085
QY（dummy 变量）	0.057	0.040	0.052	0.014	0.057	0.040	0.042	0.035
GRP		0.397**	0.211**	0.194**		0.397**	0.216**	0.201**
SNP		0.224**	0.209**	0.206**		0.224**	0.108	0.149*
NIP		0.152*	0.121	0.149*		0.152*	0.155**	0.185**
ERA			0.145*	0.181**				
EBA				0.113			0.176**	0.209**
GRP * EBA								

续表

因变量＝养猪户环境行为	模型 1	模型 2	模型 3	模型 4	模型 5	模型 6	模型 7	模型 8
SNP * EBA				0.187**				
NIP * EBA				0.144*				
GRP * ERA								0.201**
SNP * ERA								0.187**
NIP * ERA								0.101
R2	0.188	0.212	0.228	0.257	0.188	0.212	0.225	0.249
ΔR2		0.024	0.016	0.029		0.024	0.013	0.024
F 值	3.922**	5.893**	7.426**	8.105**	3.922**	5.893**	6.512**	7.533**

* 表示在 0.05 的水平上显著；** 表示在 0.01 的水平上显著。

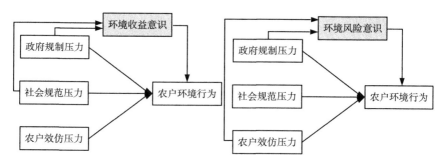

图 7-8　养猪户环境意识不同维度在绿色发展制度压力与环境行为间的中介作用

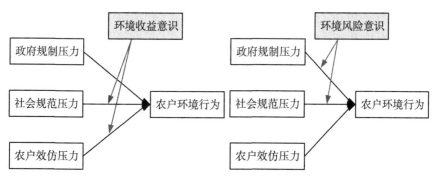

图 7-9　养猪户环境意识不同维度在绿色发展制度压力与环境行为间的调节作用

政府规制压力和邻里效仿压力不仅对养猪户环境意识产生直接效应，而且通过养猪户环境风险意识对养猪户环境行为产生部分中介效应，因此，假设 H7-1b 通过假设检验。影响机制如图 7-9 所示。

模型 8 纳入绿色发展制度压力不同维度与养猪户环境风险意识的交互项后，养猪户环境风险意识与政府规制压力（γ=0.201，p<0.01）、养猪户环境风险意识与社会规范压力交互（γ=0.187，p<0.01）对养猪户环境行为具有显著正向影响，说明养猪户环境风险意识在政府规制压力和社会规范压力与养猪户环境行为之间具有显著调节作用。具体影响机制如图 7-9 所示。

2. 不同环境意识在绿色发展制度压力与不同环境行为间的中介和调节效应检验

为了进一步探讨养猪户环境意识两个维度在绿色发展制度压力与环境行为不同维度之间的作用，本节分别探讨了环境收益意识和环境风险意识在绿色发展制度压力与环境行为不同维度之间的中介和调节作用。

（1）环境收益意识在绿色发展制度压力与不同环境行为间的中介和调节效应检验

如表 7-7 给出了环境收益意识在绿色发展制度压力与不同环境行为之间的中介和调节效应检验的回归分析结果。从表中可以看出，4 个模型的 R^2 逐渐增大，F 检验结果在显著水平 0.01 条件下均显著，说明模型具有统计学意义。

模型 1 纳入 8 个控制变量后，结果显示：受教育程度（$\gamma=0.199$，$p<0.01$）、饲养规模（$\gamma=0.235$，$p<0.01$）和是否参加合作社组织（$\gamma=0.151$，$p<0.05$）对养猪户源头预防行为具有显著正向影响。

模型 2 纳入绿色发展制度压力 3 个预测变量后，政府规制压力（$\gamma=0.401$，$p<0.01$）、社会规范压力（$\gamma=0.315$，$p<0.01$）和邻里效仿压力（$\gamma=0.273$，$p<0.01$）对养猪户源头预防行为具有显著正向影响。

模型 3 纳入养猪户环境收益意识后，政府规制压力（$\gamma=0.393$，$p<0.01$）、社会规范压力（$\gamma=0.201$，$p<0.01$）和邻里效仿压力（$\gamma=0.207$，$p<0.01$）对养猪户源头预防行为具有显著正向影响，但回归系数均明显减少，说明政府规制压力、社会规范压力和邻里效仿压力不仅对源头预防行为产生直接效应，而且通过环境收益意识对源头预防行为产生部分中介效应。影响机制如图 7-10 所示。

模型 4 纳入绿色发展制度压力不同维度与养猪户环境收益意识的交互项后，养猪户环境收益意识与社会规范压力的交互（$\gamma=0.151$，$p<0.05$）、养猪户环境收益意识与邻里效仿压力的交互（$\gamma=0.198$，$p<0.01$）对源头预防行为具有显著正向影响，说明环境收益意识在政府规制压力和社会规范压力与源头预防行为之间具有调节作用。影响机制如图 7-10 所示。

表 7-7　养猪户环境收益意识在绿色发展制度压力与不同环境行为间的中介与调节效应

加入变量	源头预防行为				过程控制行为				末端治理行为			
	模型 1	模型 2	模型 3	模型 4	模型 5	模型 6	模型 7	模型 8	模型 9	模型 10	模型 11	模型 12
XB（dummy 变量）	0.009	0.017	0.021	0.020	0.018	0.021	0.025	0.027	0.018	0.022	0.021	0.019
NL（dummy 年龄）	0.025	0.023	0.031	0.029	0.033	0.028	0.027	0.031	0.084	0.101	0.098	0.079
JY（dummy 变量）	0.199**	0.142*	0.143*	0.152*	0.221**	0.242**	0.209**	0.211**	0.121	0.134*	0.120	0.106
SR（dummy 变量）	0.101	0.106	0.088	0.091	0.103	0.081	0.122	0.037	0.179**	0.181**	0.165**	0.171**
NX（log 年限）	−0.065	−0.113	−0.101	−0.081	−0.265**	−0.198**	−0.181**	−0.183**	−0.105	−0.102	−0.149*	−0.120
GM（log 头数）	0.235**	0.161**	0.157*	0.165**	0.195**	0.191**	0.184**	0.191**	0.151*	0.155*	0.222**	0.221**
ZZ（dummy 变量）	0.151*	0.156*	0.167**	0.158*	0.091	0.065	0.120	0.058	0.019	0.081	0.122	0.075
QY（dummy 变量）	0.063	0.057	0.038	0.056	0.078	0.077	0.082	0.063	0.032	0.055	0.048	0.019
GRP		0.401**	0.393**	0.237**		0.281**	0.255**	0.224**		0.319**	0.298**	0.222**
SNP		0.315**	0.301**	0.303**		0.196**	0.175**	0.171**		0.106	0.111	0.103
NIP		0.237**	0.207**	0.131		0.153*	0.150*	0.151*		0.112	0.107	0.115
EBA		0.175**	0.175**	0.165**		0.231**	0.231**	0.229**			0.268**	0.224**

续表

加入变量	源头预防行为				过程控制行为				末端治理行为			
	模型1	模型2	模型3	模型4	模型5	模型6	模型7	模型8	模型9	模型10	模型11	模型12
GRP*EBA				-0.022				0.016				0.201**
SNP*EBA				0.151*				0.158*				0.068
NIP*EBA				0.198**				0.022				0.005
R2	0.189	0.221	0.255	0.298	0.201	0.232	0.275	0.288	0.196	0.218	0.245	0.258
ΔR2		0.032	0.034	0.043		0.031	0.043	0.013		0.022	0.027	0.013
F值	3.225**	5.225**	6.110**	6.231**	3.766**	5.529**	6.014**	6.772**	3.781**	5.449**	6.113*	6.267**

* 表示在0.05的水平上显著；** 表示在0.01的水平上显著。

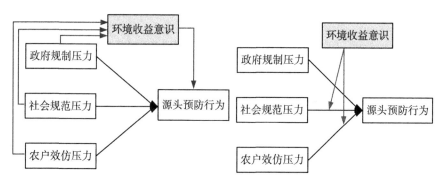

图7-10 养猪户环境收益意识在绿色发展制度压力与源头预防行为间的作用机理

模型5纳入8个控制变量后，受教育程度（γ=0.221，p<0.01）和饲养规模（γ=0.195，p<0.01）对养猪户过程控制行为具有显著正向影响，养殖年限（γ=-0.265，p<0.01）对养猪户过程控制行为具有显著负向影响。

模型6纳入政府规制压力、社会规范压力和邻里效仿压力3个预测变量后，政府规制压力（γ=0.281，p<0.01）、社会规范压力（γ=0.196，p<0.01）和邻里效仿压力（γ=0.153，p<0.05）对养猪户过程控制行为具有显著正向影响。

模型7纳入养猪户环境收益意识后，政府规制压力（γ=0.255，p<0.01）、社会规范压力（γ=0.175，p<0.01）和邻里效仿压力（γ=0.150，p<0.05）对过程控制行为具有显著正向影响，但回归系数有所减少，说明政府规制压力和社会规范压力不仅对过程控制行为产生直接效应，而且通过环境收益意识对过程控制行为产生部分中介效应。影响机制如图7-11所示。

模型8纳入绿色发展制度压力不同维度与养猪户环境收益意识的交互项后，只有养猪户环境收益意识与社会规范压力的交互（γ=0.158，p<0.05）对过程控制行为具有显著正向影响，说明环境收益意识在政府规制压力与过程控制行为之间具有调节作用。影响机制如图7-11所示。

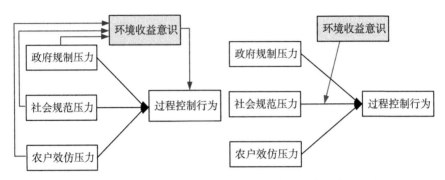

图 7-11　养猪户环境收益意识在绿色发展制度压力与过程控制行为间的作用机理

　　模型 9 纳入 8 个控制变量后，养猪户养殖收入占比（γ=0.179，p<0.01）和饲养规模（γ=0.151，p<0.05）对养猪户末端治理行为具有显著正向影响。

　　模型 10 纳入政府规制压力、社会规范压力和邻里效仿压力 3 个预测变量后，只有政府规制压力（γ=0.319，p<0.01）对养猪户末端治理行为具有显著正向影响。

　　模型 11 纳入养猪户环境意识后，政府规制压力（γ=0.298，p<0.01）对末端治理行为具有显著正向影响，且回归系数有所减少，说明政府规制压力不仅对末端治理行为产生直接效应，而且通过环境收益意识对末端治理行为产生部分中介效应。影响机制如图 7-12 所示。

　　模型 12 纳入绿色发展制度压力不同维度与养猪户环境收益意识的交互项后，只有养猪户环境收益意识与政府规制压力交互（γ=0.201，p<0.01）对末端治理行为具有显著正向影响，说明环境收益意识在政府规制压力与末端治理行为之间具有调节作用。影响机制如图 7-12 所示。

　　（2）环境风险意识在绿色发展制度压力与不同环境行为间的中介和调节效应检验

　　如表 7-8 给出了环境风险意识在绿色发展制度压力与不同环境行为之间的中介和调节效应检验的回归分析结果。从表中可以看出，4 个模

表 7-8　养猪户环境风险意识在绿色发展制度压力与不同环境行为之间的中介与调节效应

加入变量	源头预防行为				过程控制行为				末端治理行为			
	模型 1	模型 2	模型 3	模型 4	模型 5	模型 6	模型 7	模型 8	模型 9	模型 10	模型 11	模型 12
XB（dummy 变量）	0.004	0.015	0.027	0.033	0.058	0.023	0.058	0.073	0.010	0.098	0.076	0.077
NL（dummy 年龄）	0.012	0.009	0.034	0.024	0.054	0.029	0.020	0.038	0.081	0.112	0.099	0.067
JY（dummy 变量）	0.178**	0.145*	0.146*	0.151*	0.222**	0.214**	0.201**	0.204**	0.124	0.120	0.106	0.103
SR（dummy 变量）	0.141*	0.166**	0.081	0.090	0.112	0.098	0.120	0.031	0.175**	0.184**	0.161**	0.177**
NX（log 年限）	-0.075	-0.120	-0.117	-0.085	-0.213**	-0.191**	-0.180**	-0.181**	-0.109	-0.100	-0.131	-0.122
GM（log 头数）	0.202**	0.189**	0.167**	0.167*	0.185**	0.169**	0.185**	0.169**	0.148*	0.157*	0.143*	0.153*
ZZ（dummy 变量）	0.155*	0.154*	0.149*	0.151*	0.092	0.061	0.116	0.084	0.033	0.098	0.106	0.088
QY（dummy 变量）	0.087	0.043	0.031	0.051	0.075	0.078	0.093	0.052	0.030	0.043	0.066	0.047
GRP		0.383**	0.342**	0.275**		0.192*	0.175*	0.155*		0.305**	0.295**	0.226**
SNP		0.271**	0.301**	0.288**		0.197**	0.185**	0.172**		0.206**	0.198**	0.173**
NIP		0.103	0.105	0.101		0.153*	0.151*	0.150*		0.106	0.101	0.111
ERA		0.156*	0.156*	0.150*			0.201**	0.189**			0.245**	0.221**

续表

加入变量	源头预防行为				过程控制行为				末端治理行为			
	模型 1	模型 2	模型 3	模型 4	模型 5	模型 6	模型 7	模型 8	模型 9	模型 10	模型 11	模型 12
GRP * ERA				0.182**				0.018				0.181**
SNP * ERA				0.151*				0.159*				0.158*
NIP * ERA				0.108				0.145*				0.021
R2	0.177	0.202	0.240	0.274	0.198	0.230	0.273	0.289	0.190	0.219	0.246	0.262
ΔR2		0.025	0.038	0.034		0.032	0.043	0.016		0.029	0.027	0.016
F 值	3.211**	4.875**	5.212**	6.124**	3.761**	4.508**	6.077**	6.715**	3.661**	4.347**	6.133**	6.432**

* 表示在 0.05 的水平上显著; ** 表示在 0.01 的水平上显著。

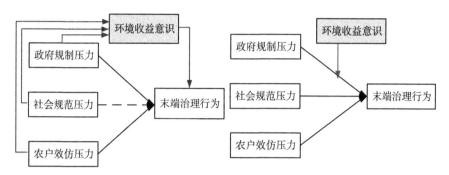

图 7-12　养猪户环境收益意识在绿色发展制度压力与末端治理行为间的作用机理

型的 R^2 逐渐增大，F 检验结果在显著水平 0.01 条件下均显著，说明模型具有统计学意义。

模型 1 纳入 8 个控制变量后，结果显示：受教育程度（$\gamma = 0.199$，$p < 0.01$）、养猪户养殖收入占比、是否参加合作社组织（$\gamma = 0.155$，$p < 0.05$）和饲养规模（$\gamma = 0.202$，$p < 0.01$）对养猪户源头预防行为具有显著正向影响。

模型 2 纳入政府规制压力、社会规范压力和邻里效仿压力 3 个预测变量后，政府规制压力（$\gamma = 0.383$，$p < 0.01$）和社会规范压力（$\gamma = 0.271$，$p < 0.01$）对养猪户源头预防行为具有显著正向影响。

模型 3 纳入养猪户环境风险意识后，政府规制压力（$\gamma = 0.342$，$p < 0.01$）和社会规范压力（$\gamma = 0.301$，$p < 0.01$）对养猪户源头预防行为具有显著正向影响，但回归系数均明显减少，说明政府规制压力、社会规范压力和邻里效仿压力不仅对源头预防行为产生直接效应，而且通过环境风险意识对源头预防行为产生部分中介效应。影响机制如图 7-13 所示。

模型 4 纳入绿色发展制度压力不同维度与养猪户环境收益意识的交互项后，养猪户环境风险意识与政府规制压力的交互（$\gamma = 0.182$，$p < 0.01$）、养猪户环境风险意识与社会规范压力的交互（$\gamma = 0.151$，$p < 0.05$）对源头预防行为具有显著正向影响，说明环境风险意识在政府

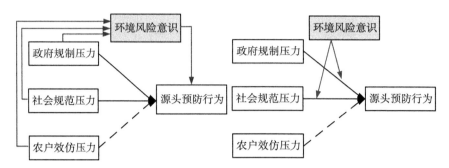

图 7-13 养猪户环境风险意识在绿色发展制度压力与源头预防行为间的作用机理

规制压力和社会规范压力与源头预防行为之间具有调节作用。影响机制如图 7-13 所示。

模型 5 纳入 8 个控制变量后，受教育程度（$\gamma = 0.222$，$p < 0.01$）和饲养规模（$\gamma = 0.185$，$p < 0.01$）对养猪户过程控制行为具有显著正向影响，养殖年限（$\gamma = -0.213$，$p < 0.01$）对养猪户过程控制行为具有显著负向影响。其他控制变量对养猪户过程控制行为的影响不显著。

模型 6 纳入绿色发展制度压力 3 个预测变量后，政府规制压力（$\gamma = 0.192$，$p < 0.01$）、社会规范压力（$\gamma = 0.197$，$p < 0.01$）和邻里效仿压力（$\gamma = 0.153$，$p < 0.05$）对养猪户过程控制行为具有显著正向影响。

模型 7 纳入养猪户环境风险意识后，政府规制压力（$\gamma = 0.175$，$p < 0.01$）、社会规范压力（$\gamma = 0.185$，$p < 0.01$）和邻里效仿压力（$\gamma = 0.151$，$p < 0.05$）对过程控制行为具有显著正向影响，但回归系数有所减少，说明政府规制压力和社会规范压力不仅对过程控制行为产生直接效应，而且通过环境风险意识对过程控制行为产生部分中介效应。影响机制如图 7-14 所示。

模型 8 纳入绿色发展制度压力不同维度与养猪户环境风险意识的交互项后，养猪户环境风险意识与社会规范压力的交互（$\gamma = 0.159$，$p < 0.05$）、养猪户环境风险意识与邻里效仿压力的交互（$\gamma = 0.145$，$p < 0.05$）对过程控制行为具有显著正向影响，说明养猪户环境风险意识

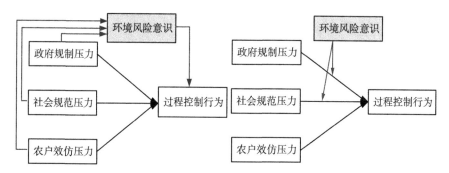

图7-14　养猪户环境风险意识在绿色发展制度压力与过程控制行为间的作用机理

在政府规制压力与过程控制行为之间具有调节作用。影响机制如图7-14所示。

模型9纳入8个控制变量后，养猪户养殖收入占比（γ=0.175，p<0.01）和饲养规模（γ=0.148，p<0.05）对养猪户末端治理行为具有显著正向影响，而其他控制变量的影响不显著。

模型10纳入政府规制压力、社会规范压力和邻里效仿压力3个预测变量后，政府规制压力（γ=0.305，p<0.01）、社会规范压力（γ=0.206，p<0.01）对养猪户末端治理行为具有显著正向影响。

模型11纳入养猪户风险意识后，政府规制压力（γ=0.295，p<0.01）、社会规范压力（γ=0.198，p<0.01）对末端治理行为具有显著正向影响，且回归系数有所减少，说明政府规制压力不仅对末端治理行为产生直接效应，而且通过环境风险意识对末端治理行为产生部分中介效应。影响机制如图7-15所示。

模型12纳入绿色发展制度压力不同维度与养猪户环境风险意识的交互项后，养猪户环境风险意识与政府规制压力交互（γ=0.201，p<0.01）、养猪户环境风险意识与社会规范压力交互（γ=0.158，p<0.05）对末端治理行为具有显著正向影响，说明养猪户环境风险意识在政府规制压力与末端治理行为之间具有调节作用。影响机制如图7-15所示。

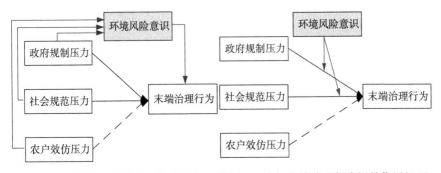

图 7-15 养猪户环境风险意识在绿色发展制度压力与末端治理行为间的作用机理

四、绿色发展制度压力、环境意识与养猪户环境行为关系模型修正

为了揭示绿色发展制度压力、环境意识与养猪户环境行为之间的影响机制，本书融合了环境行为理论、新制度理论和外部性理论，将养猪户环境行为内嵌于绿色发展制度环境之中，实现了外部制度因素、内部环境认知因素在养猪户环境行为影响因素中的融合分析。为了实证检验绿色发展制度压力、环境意识与养猪户环境行为之间关系，本书第三章通过探索式案例分析，首先识别了影响养猪户环境行为的制度主体和形式以及它们影响养猪户环境行为的核心机制，找到了外部绿色发展制度压力、养猪户环境意识影响环境行为的关系证据，从构念层面构建了连接绿色发展制度压力与养猪户环境行为的研究框架。第四章运用演化博弈模型进一步从维度层面论证了绿色发展制度压力不同维度、养猪户环境意识与环境行为之间的影响关系，构建了本书的研究框架，为后面章节的实证研究提供理论基础和现实逻辑。第五章运用实证分析和回归分析，检验了绿色发展制度压力不同维度对养猪户环境意识及其不同维度的影响机制，以及人口统计变量在绿色发展制度压力不同维度与养猪户环境意识之间的作用机理。第六章运用实证研究进一步探讨绿色发展制

度压力及其不同维度对养猪户环境行为的影响机制，检验了绿色发展制度压力不同维度交互对养猪户环境的影响机制。在此基础上，第七章将绿色发展制度压力、养猪户环境意识和环境行为联系起来，形成一个整合的研究框架，重点考察养猪户环境意识及其不同维度在绿色发展制度压力与养猪户环境行为之间的中介和调节作用。最终，本书所提出的所有假设检验结果如表 7-9 所示。

表 7-9 本书所有假设检验结果汇总表

代码	假设提出	检验结果
命题一	外部制度压力对养猪户环境行为具有正向的影响	通过
命题二	养猪户环境意识对养猪户环境行为具有正向的影响	通过
命题三	社会规范压力下环境意识越强的养猪户实施环境行为概率越大	通过
命题四	邻里效仿压力下环境意识越强的养猪户实施环境行为概率越大	通过
命题五	政府规制压力下环境意识越强的养猪户实施环境行为概率越大	通过
H5-1	政府规制压力对养猪户环境意识具有显著正向影响	通过
H5-2	社会规范压力对养猪户环境意识具有显著正向影响	通过
H5-3	邻里效仿压力对养猪户环境意识具有显著正向影响	通过
H5-4	养猪户个体特征变量在绿色发展制度压力与环境意识间具有调节作用	部分通过
H5-4a	养猪户性别在绿色发展制度压力与环境意识间具有调节作用	没有通过
H5-4b	养猪户年龄在绿色发展制度压力与环境意识间具有调节作用	没有通过
H5-4c	养猪户受教育程度在绿色发展制度压力与环境意识间具有调节作用	通过

代码	假设提出	检验结果
H5-5	养猪户经营特征变量在绿色发展制度压力与环境意识间具有调节作用	部分通过
H5-5a	养猪户饲养规模在绿色发展制度压力与环境意识间具有调节作用	通过
H5-5b	养猪户养殖年限在绿色发展制度压力与环境意识间具有调节作用	没有通过
H5-5c	养猪户养殖收入占比在绿色发展制度压力与环境意识间具有调节作用	没有通过
H5-5d	养猪户是合作社成员在绿色发展制度压力与环境意识间具有调节作用	通过
H5-6	养猪户地理区位特征在绿色发展制度压力与环境意识间具有调节作用	没有通过
H6-1	政府规制压力对养猪户环境行为具有显著影响	通过
H6-2	社会规范压力对养猪户环境行为具有显著影响	通过
H6-3	邻里效仿压力对养猪户环境行为具有显著影响	通过
H6-4	政府规制压力与社会规范压力的交互对养猪户环境行为具有显著影响	通过
H6-5	政府规制压力与邻里效仿压力的交互对养猪户环境行为具有显著影响	通过
H6-6	社会规范压力与邻里效仿压力的交互对养猪户环境行为具有显著影响	通过
H7-1	养猪户环境意识对环境行为具有显著正向影响	通过
H7-1a	养猪户环境收益意识对环境行为具有显著正向影响	通过
H7-1b	养猪户环境风险意识对环境行为具有显著正向影响	通过
H7-2	养猪户环境意识在绿色发展制度压力与环境行为之间起到中介作用	通过
H7-2a	养猪户环境意识在政府规制压力与环境行为之间起到中介作用	通过

代码	假设提出	检验结果
H7-2b	养猪户环境意识在社会规范压力与环境行为之间起到中介作用	通过
H7-2c	养猪户环境意识在邻里效仿压力与环境行为之间起到中介作用	通过
H7-3	养猪户环境意识越强，绿色发展制度压力对环境行为正向影响越强	通过
H7-3a	养猪户环境意识越强，政府规制压力对环境行为正向影响越强	通过
H7-3b	养猪户环境意识越强，社会规范压力对环境行为正向影响越强	通过
H7-3c	养猪户环境意识越强，邻里效仿压力对环境行为正向影响越强	没有通过

基于以上假设检验结果和实证分析结论，本书对绿色发展制度压力、环境意识与养猪户环境行为关系模型作进一步的细化修正，最终形成的理论模型如图 7-16 所示。从图中可知，养猪户环境行为的形成是外部绿色发展制度压力和养猪户心理认知因素相互作用、相互影响的结果。一方面，政府规制压力、社会规范压力和邻里效仿压力对养猪户环境行为的形成具有直接影响作用，而且受到养猪户环境意识两个维度（环境收益意识和环境风险意识）的调节影响。另一方面，养猪户环境意识两个维度（环境收益意识和环境风险意识）在绿色发展制度压力与养猪户环境作为之间起到了中介作用，即绿色发展制度压力的三个维度通过养猪户环境收益意识和环境风险意识影响养猪户环境行为及其不同维度。

本书通过实证研究揭示的绿色发展制度压力、环境意识与养猪户环境行为的关系机理，不仅突出了外部绿色发展制度压力在养猪户环境行为形成过程中的重要作用，为权变分析外部绿色发展制度环境与养猪户

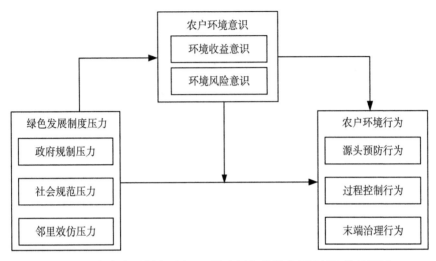

图 7-16　绿色发展制度压力、环境意识与养猪户环境行为关系机制

环境行为之间的关系提供了新思路，而且突破了计划行为理论和环境行为理论将农户受到外部制度压力认定为一致且稳定的理论假设，进一步丰富和扩展了计划行为理论和环境行为理论的逻辑内涵，同时也是对新制度理论"制度→行为"的单一逻辑的丰富和扩展。

五、本章小结

本章以浙江省和湖北省的 256 家规模养猪户为研究样本，验证了绿色发展制度压力、环境意识与养猪户环境行为之间的影响机制，主要结论包括：

第一，养猪户环境意识及其不同维度在绿色发展制度压力与养猪户环境行为之间具有中介效应。从构念层面看：政府规制压力、社会规范压力和邻里效仿压力通过养猪户环境意识对养猪户环境行为产生部分中介效应。从维度层面看：政府规制压力、社会规范压力和邻里效仿压力通过养猪户环境意识对养猪户源头预防行为产生部分中介效应；政府规制压力、社会规范压力通过养猪户环境意识对养猪户过程控制行为产生部分中介效应，养猪户环境意识在邻里效仿压力与养猪户过程控制行为之间起到完全中介作用；政府规制压力和邻里效仿压力通过养猪户环境意识对养猪户末端治理行为产生部分中介效应，社会规范压力通过养猪户环境意识对末端治理行为产生完全中介效应。以上研究结论说明社会规范压力和邻里效仿压力对养猪户环境行为的影响是缓慢的，渐进的，需要通过环境意识的提高，间接影响养猪户环境行为。进一步说明，邻里效仿严格意义上是一种"实质性制度趋同"，需要养猪户实质性的货币投入、时间投入和精力投入，在特定的制度情境中，如果外部资源激励不够，养猪户环境行为意识转化为环境行为的可能性较小。

第二，养猪户环境意识及其不同维度在绿色发展制度压力与养猪户环境行为之间具有调节效应。从构念层面看：养猪户环境意识在政府规制压力、社会规范压力与养猪户环境行为之间具有调节效应。从维度层面看：养猪户环境意识在政府规制压力、社会规范压力与源头预防行为之间具有调节作用；养猪户环境意识在政府规制压力与过程控制行为之间具有调节作用；养猪户环境意识在政府规制压力与养猪户末端治理行为之间具有调节效应。

第三，本章在第五章和第六章实证研究的基础上，将绿色发展制度压力、养猪户环境意识与养猪户环境行为联系起来，形成一个整合的研究框架，并基于本书所有提出的假设检验结果和实证分析结论，进一步细化修正了本书提出的绿色发展制度压力、养猪户环境意识与养猪户环境行为关系模型，最终形成了理论模型。

第八章 研究结论与政策建议

在养猪业绿色转型发展的关键时期，养猪户环境行为是推动其转型、促进其生态、健康、绿色发展的重要取向。本书以浙江省和湖北省256户养猪户为研究对象，将"绿色发展"嵌入"制度环境"，沿着制度压力–环境意识–养猪户环境行为的研究框架和逻辑思路，在对关于养猪户环境行为内涵澄清和理论演进、养猪户环境行为影响因素等文献进行评述的基础上，通过探索式案例研究、演化博弈分析、回归分析等方法阐述和论证了"制度压力正向影响养猪户环境意识和环境行为，养猪户环境意识在绿色发展制度压力与养猪户环境行为之间具有调节和中介作用"等观点。本章将对本书的主要结论和观点进行概括，并依据研究结论，提出相应的政策建议，最后针对本书的不足，提出今后进一步研究的方向。

一、主要研究结论

本书系统综述国内外相关研究内容，在新制度理论、环境行为理论、外部性理论等理论的指导下，阐述了政府规制、社会规范和邻里效仿等绿色发展制度压力对规模养猪户环境行为影响机理；利用湖北省和浙江省的规模养猪调研数据，实证分析了政府规制、社会规范和邻里效仿对规模养猪户环境行为意识、行为水平和行为的影响，并对比分析该影响在不同特征规模养猪户之间的差异。根据本书的统计分析和实证分析结果，主要得到的结论如下所述。

（一）绿色发展制度压力对养猪户环境意识和环境行为具有正向驱动作用

与以往关于养猪户环境行为的影响机制的研究一直遵循"认知（意识）→意愿→行为"和"认知（意识）→情景→行为"逻辑关系的论证思路不同，本书基于新制度主义理论视角，将养猪户环境行为内嵌于社会制度环境，提出绿色转型发展背景下制度压力是养猪户环境行为的内在驱动力的新论断。（1）通过探索式案例研究分析发现：绿色发展制度压力对养猪户环境行为具有较强的驱动作用，当养猪户环境行为问题被外部制度环境所建构时，养猪户为了与外部制度环境保持一致，会逐渐关注相关利益主体的诉求，并将环境问题与生猪养殖生产经营过程结合起来。（2）通过演化博弈分析发现：绿色发展制度压力对养猪户环境行为具有较强的驱动作用，在政府规制、社会规范和邻里效仿压力的作用下，养猪户为了追求经济效益和规避养殖风险，可能被外部的制度环境所形塑或调动，进而采取诸如源头污染预防、过程质量控制和末端废物治理等行为。（3）通过实证研究发现：在构念层面，绿色发展制度压力及其不同维度对养猪户环境意识和环境行为均具有显著的正向影响；通过回归分析也发现，绿色发展制度压力对养猪户环境意识的影响程度和显著性要高于其与养猪户环境行为之间的关系。说明养猪户环境意识是绿色发展制度压力直接作用的对象，反映了养猪户对外部制度压力的解读能力和认知水平；而养猪户环境行为是对认知之后的行为选择，由于受到人口统计因素的影响，因而影响程度会有所差异。这进一步说明了养猪户对绿色发展制度压力的解读能力和认知能力在一定程度上促进了养猪户环境行为的实施。

（二）绿色发展制度压力对养猪户环境意识和环境行为影响存在差异

通过探索式案例分析和演化博弈分析，本书发现政府规制压力、社会规范压力和邻里效仿压力较好刻画了养猪户感知的绿色发展制度压力框架。在深度访谈时，养猪户对绿色发展制度压力的感知也都较好地落入以上3个维度中。其中政府规制压力反映了养猪户的经营合法性和市场保障性；社会规范压力反映了养猪户生产经营遵循的行业规范和道德规范；邻里效仿压力反映了养猪户对组织身份以及与周围农户关系的关注。由于三种制度压力产生机制上的不同特征，其对养猪户环境意识和环境行为的影响显著性和程度存在差异。（1）通过绿色发展制度压力对养猪户环境意识的影响机制研究发现：在构念层面，政府规制压力、社会规范压力和邻里效仿压力对养猪户环境意识均具有显著的正向影响；在维度层面，政府规制压力和邻里效仿压力对养猪户环境风险意识均具有显著影响作用；政府规制压力和社会规范压力对养猪户环境收益意识具有显著正向影响作用。（2）通过绿色发展制度压力对养猪户环境行为的影响机制研究发现：在构念层面，外部绿色发展制度压力对养猪户环境行为具有正向的影响，养猪户环境意识对养猪户环境行为具有正向的影响；在维度层面，政府规制压力、社会规范压力和邻里效仿压力对养猪户源头预防行为具有显著正向影响；政府规制压力和社会规范压力对养猪户过程控制行为具有显著正向影响，而邻里效仿压力对养猪户过程控制行为影响并不显著；政府规制压力对养猪户末端治理行为具有显著正向影响，而社会规范压力和邻里效仿压力对末端治理行为影响关系并不显著。进一步分析发现：政府规制压力与社会规范压力的交互项、社会规范压力与邻里效仿压力交互项对养猪户环境行为具有显著正向影响。而政府规制压力与邻里效仿压力交互项对养猪户环境行为影响不显著，说明绿色发展制度压力不同维度之间既存在协同又存在冲突，而不是孤立的。

（三）养猪户环境意识在绿色发展制度压力与环境行为之间具有中介和调节作用

本书在探究绿色发展制度压力如何驱动养猪户环境行为的同时，也试图探析养猪户环境意识在绿色发展制度压力与养猪户环境行为分析框架中起到的作用。本书通过理论梳理和探索式案例分析，将养猪户环境意识分为环境收益意识和环境风险意识。其中环境风险意识反映了养猪户对养殖行为负面环境影响的认知程度，环境收益意识反映了养猪户对实施环境行为产生的成本收益的认知情况。由于养猪户群体具有不同的特征，其在不同制度压力与养猪户环境行为之间存在不同的作用机理。（1）养猪户环境意识及其不同维度在绿色发展制度压力与养猪户环境行为之间具有中介效应。从构念层面看：政府规制压力、社会规范压力和邻里效仿压力通过养猪户环境意识对养猪户环境行为产生部分中介效应。从维度层面看：政府规制压力、社会规范压力和邻里效仿压力通过养猪户环境意识对养猪户源头预防行为产生部分中介效应；政府规制压力、社会规范压力通过养猪户环境意识对养猪户过程控制行为产生部分中介效应，养猪户环境意识在邻里效仿压力与养猪户过程控制行为之间起到完全中介作用；政府规制压力和邻里效仿压力通过养猪户环境意识对养猪户末端治理行为产生部分中介效应，社会规范压力通过养猪户环境意识对末端治理行为产生完全中介效应。以上研究结论说明社会规范压力和邻里效仿压力对养猪户环境行为的影响是缓慢的、渐进的，需要通过环境意识的提高，间接影响养猪户环境行为。进一步说明，邻里效仿严格意义上是一种"实质性制度趋同"，需要养猪户实质性的货币投入、时间投入和精力投入，在特定的制度情境中，如果外部资源激励不够，养猪户环境意识转化为环境行为的可能性较小。（2）养猪户环境意识及其不同维度在绿色发展制度压力与养猪户环境行为之间具有调节效应。从构念层面看：养猪户环境意识在政府规制压力、社会规范压力与养猪户环境行为之间具有调节效应。从维度层面看：养猪户环境意识在政府规制压力、社会规范压力与源头预防行为之间具有调节作用；养猪户环境意识在政府规制压力与过程控制行为之间具有调节作用；养猪户环境意识在政府规制压力与养猪户末端治理行为之间具有调节作用。

（四）人口统计变量在绿色发展制度压力、环境意识与环境行为之间起到调节作用

本书通过回归分析，揭示了人口统计变量在制度压力与养猪户环

意识和环境行为之间的作用机理。(1)人口统计变量在制度压力与养猪户环境意识及其不同维度之间具有调节作用。具体而言,受教育程度分别在政府规制压力、邻里效仿压力与养猪户环境意识之间具有显著调节作用,饲养规模在政府规制压力与养猪户环境意识之间具有显著调节作用。进一步研究发现:饲养规模在政府规制压力与养猪户环境收益意识之间具有显著调节作用;饲养规模和受教育程度均在政府规制压力与养猪户环境风险意识之间具有显著调节作用。说明农户受教育程度越高,掌握的知识越丰富,学习与理解能力越强,其对环境污染问题的认知越深刻,采纳环境行为的意识也更强;饲养规模大的养猪户,家庭成员个人能力更强、信息渠道更广、市场化程度更高、对新生事物的理解和接受能力也更强。(2)人口统计变量对养猪户环境意识的影响作用存在差异。具体而言,受教育程度、是否参加合作社组织和饲养规模对养猪户环境意识具有显著正向影响,养殖年限对养猪户环境意识具有显著负向影响。说明受教育程度高、参加合作社组织和饲养规模越长的养猪户环境意识明显要高一些;而养殖年限越长的养猪户环境意识越差,进一步说明随着养殖年限增加,受传统思想影响更大,部分规模养猪户的环境意识水平会下降。(3)人口统计变量在养猪户环境意识与环境行为之间具有调节作用。具体而言,养殖收入占比和饲养规模在养猪户环境意识与养猪户环境行为之间具有显著调节作用,表明养猪户养殖收入占比越高,养猪户在生猪养殖过程中投入的专用性资产越多,养猪户违背政府规制的风险以及违背社会规范而遭受的道德谴责和声誉影响会更大,养猪户实施环境行为的概率也会越高。根据这一研究结论,政府部门、行业组织可以针对不同特征的养殖户,设计相应的规制政策和行业规范,以提高规制政策、行业规范执行效果,提高养猪户环境意识水平。

二、政策建议

基于本书的主要研究结论,养猪户环境行为受到政府、社会群体、周围农户以及养猪户自身环境认知的影响，不同的环境主体在养猪户环境行为实施过程中发挥着不同的作用，对养猪户环境行为的影响机制存在差异。因此，明确政府、社会群体、养猪户各个环境主体所处的地位和各自应该承担的责任，发挥各环境主体的主动性，协同共进、形成合力，构建养猪户主导、社会公众监督和政府引导的三方协同治理机制对促进养猪户环境行为的演化、形成具有重要的现实意义。

（一）加大政府规制力度，提高养猪户环境行为的积极性

通过探讨式案例分析和实证研究发现：政府规制通过将其强制力和影响力嵌入市场环境和养猪户的成本收益中，从而对养猪户生产行为产生了有效的约束和激励作用。因此，政府在政策制定时，要具有全局观，通过奖惩结合，形成组合效力。

一方面加大政府惩罚性规制力度，提高养猪户环境风险意识，推动养猪户环境行为的实施。由于我国养猪户规模小、分布广、监管难，现有的养殖污染惩罚标准远低于污染治理费用，养猪户基于成本收益的比较，往往缺乏实施环境行为的动力。因此，各级政府要因地制宜，根据养猪业发展现状、养猪户数量结构和资源禀赋等因素制定有针对性的养猪业发展的条例、标准和政策。首先，各级政府要合理规划生猪生产布局，引导养猪业向规模化、产业化方向发展；其次，各级政府要进一步建立健全猪肉质量安全可追溯体系，严格执行畜牧投入品准入备案制度、猪肉产品的市场准入制度和售后信息可追溯制度，为养猪户环境行为提供良好的市场环境；再次，各级政府要进一步完善畜禽养殖生产环境法制建设，在政策设计时根据饲养规模和环境承载力，建立不同等级的畜禽排污收费标准和不同属地的监管责任，加强猪场污染监管力度，依据法律法规对其进行惩罚或管制，降低传统养殖模式的收益率，倒逼养猪户环境行为的实施。

另一方面加大政府激励性规制力度，提高养猪户环境收益意识，拉动养猪户环境行为的实施。由于环境行为前期投入的环保成本较高，加上回收期较长，养猪户环境行为风险较高。因此，各级政府要进一步加

大政策扶持力度，采取经济和市场化管理的手段，全面推行病死猪处理补贴、沼气池建设补贴和畜禽防疫补贴、强化标准化养殖场建设补贴、粪污无害化处理设施建立补贴、废弃物循环利用补贴和养猪户小额贷款贴息补助等扶持政策，通过一系列的组合式激励性规制来降低养猪户实施环境行为而增加的环保成本，解决环保设施建设资金周转难的问题，提高养猪户环境行为的积极性，促进养猪户环境行为的实施。同时，各级政府和职能部门要加强对相关扶持政策的执行和实施，实行严格监督，防止部分养猪户打着"环保"的名义以获取政府补贴，政府在扶持政策设计时，要加大对扶持项目（或名目）的后续审查，确保扶持资金真正投放到相关项目（或名目）中，达到预期目的。

（二）加强社会规范压力，促进养猪户环境行为模式的演化

社会规范压力通过国家和地区文化、价值观、规范信念和道德约束来影响养猪户环境意识和环境行为。社会规范压力虽然不像政府规制压力那样具备强制性，但对养猪户生产行为具有一定约束性。

首先，加大社会公众的舆论压力，引导养猪户环境行为模式的演化。社会公众不仅是环境污染的受害者，也是污染信息的掌握者。在农村"熟人社会"关系网络中，社会公众对畜禽养殖污染和食品安全事件的关注对养猪户环境行为具有较强的约束作用。因此，当地农业部门要加大媒体宣传报道的力度，将社会公众对养猪户社会责任的期待传递给养猪户，让养猪户意识到非环境友好行为可能导致的道德风险。政府部门或行业组织（如当地养猪协会）在制定农村公共环境管理制度时，要充分发挥社会公众舆论监督、举报、道德诉求等作用，强化当地养猪户环境保护的社会责任意识、荣辱意识和道德意识，营造养殖户自觉践行环境行为的社会氛围，促进养猪户环境行为的演化。

其次，加强行业组织规范压力，促进养猪户环境行为模式的演化。加强养猪户行业组织的规范压力是促进养猪户环境行为模式形成的重要拉力。一方面要强化生猪专业合作社的服务功能，进一步规范养猪户的生产行为。具体而言，政府部门要加大对合作社生猪新品种培育与引进

的支持力度，加强对合作社绿色养殖技术培训的投入与支持，提高专业合作社的绿色养殖技术培训水平，进一步规范养猪户的生产行为；同时，政府部门要鼓励养猪专业合作社之间的横向联合，统一饲料采购渠道，严把饲料质量关，规范兽药使用指导与服务，提高养猪户安全生产水平。另一方面政府部门要引导养猪业规模化、产业化发展，鼓励"养猪户+合作社+公司"等契约合同形式来规范养猪户纵向合作关系，降低养猪户环境风险意识，促进养猪户环境行为模式的演化。

最后，培养消费者绿色环境意识，促进绿色消费市场的形成，推动养猪户环境行为模式的演化。消费者的环境意识越高，消费者更加关注产品质量安全，优先选择适度、绿色、无污染农产品消费，需求引导生产，促进养猪户环境行为的实施。一方面，政府部门和行业组织要加大HACCP认证、ISO9000质量管理认证和ISO14000环境管理认证的宣传力度，帮助消费者形成健康消费和安全消费的理念；另一方面，充分发挥网络、媒体的监督、宣传作用，帮助消费者提高绿色猪肉商标辨识能力，进一步提升绿色猪肉购买能力。推动国内绿色生猪市场的发展，促进养猪户环境行为模式的演化。

（三）培育新型养殖主体，促进养猪户环境行为模式的扩散

养猪户正成为畜牧业新型养殖主体。实证研究也表明，提高养猪户的饲养规模和文化素质，发挥养猪户的带头示范作用对养猪户环境行为的实施具有重要的影响作用。

首先，鼓励养猪业规模化发展，提高养猪户环境意识，促进养猪户环境行为模式演化。规模化发展是我国养猪业发展的必然趋势，也是养猪业绿色转型发展的前提条件。因此，一方面，政府或行业组织在制定相关政策时，鼓励发展专业大户、家庭农场、农民合作社、农业产业化龙头企业等新型养殖主体，提高养猪户的规模经济水平，增强养猪户环保投入的能力。另一方面，政府和行业组织要树立养猪户的模范带头作用，通过组织行业经验推广交流会的形式为其他养殖户提供学习、交流和效仿的机会，提高养猪户环境行为的环境收益意识，促进绿色养殖技

术的推广和扩散。

其次，加强对养猪户的宣传教育，提高养猪户环境意识，促进养猪户环境行为模式的扩散。实证研究表明，受教育程度越高的养猪户，其环境意识越强，实施环境行为的概率越大。因此，政府或行业组织要加大宣传教育的力度，引导养猪户环境行为的实施，促进养猪户环境行为模式的扩散。一方面，要加强农业教育基础设施建设，加强人才队伍建设。通过国家政策扶持和重点工程，鼓励社会各方力量参与农村教育事业，进一步完善人才培养体制和机制；另一方面，强化农业废弃物循环利用模式宣传教育，提高养猪户环境意识。推广"农牧一体化"和"猪-沼-X（菜、果、鱼）"等绿色养殖模式，提高养猪户环境收益意识，调动养猪户环境行为的积极性，推动养猪户环境行为模式扩散。

三、研究展望

受研究能力、研究条件和数据获取等因素的限制，本书仍然存在一些不足之处，还有待今后进一步完善。

（一）研究内容有待进一步完善

受研究能力所限，本书只是探讨了绿色发展制度压力对养猪户环境行为的影响机制，没有进一步揭示养猪户环境行为与行为绩效之间的关系。实际上，养猪户往往会根据环境行为绩效来调整自己的生产行为，政策制定者也可以根据不同区域养猪户行为绩效，制定更加有针对性的激励政策。今后可以在本书的基础上，通过问卷调查或者收集相关横截面数据，进一步揭示绿色发展制度压力、养猪户环境行为和行为绩效之间的关系。

（二）研究方法有待进一步完善

受研究条件所限，本书通过探索式案例研究和演化博弈方法来构建研究框架，在案例研究中仅仅选取了两家规模养猪场进行横向比较研究，演化博弈没有扩展到多阶段的动态模型，分析框架严格来讲属于静态分析，今后可以遵循由静态转向动态的研究思路，应用纵向案例、事件史分析和多阶段动态博弈分析方法，在连贯考察中国农村畜禽养殖业制度快速变迁的情况下，揭示绿色发展制度压力对养猪户环境行为的动态演变过程，从而得出制度环境与养猪户环境行为协同演化的规律。

（三）调查样本有待进一步完善

受数据获取所限，本书主要是基于浙江省和湖北省的 256 家规模养猪户样本展开。调查样本没有涵盖我国西部地区的养猪户，不能反映全国养猪户的情况，研究结论可能存在局限性，今后可以进一步展开问卷调查，收集我国东部、中部和西部养猪户数据，全面了解我国农村规模养猪户环境行为现状，比较不同区域养猪户环境行为实施的差异，有针对性地制定相关政策，引导养猪户环境行为模式的演化和形成。

参 考 文 献

1. 宾幕容. 基于新制度经济学视角的我国畜禽养殖污染分析. 湖南社会科学, 2015（5）：147-152.

2. 陈卫平, 王笑丛. 制度环境对农户生产绿色转型意愿的影响: 新制度理论的视角. 东岳论丛, 2018（6）：114-123.

3. 陈晓萍, 徐淑英, 樊景立. 组织与管理研究的实证方法. 北京: 北京大学, 2012.

4. 程亦清. 生猪标准化养殖意愿及影响因素研究——基于当涂、高淳和张家港地区的问卷调查. [硕士学位论文]. 南京: 南京农业大学图书馆, 2010.

5. 仇焕广, 莫海霞, 白军飞, 蔡亚庆, 王金霞. 中国农村畜禽粪便处理方式及其影响因素——基于五省调查数据的实证分析. 中国农村经济, 2012（3）：78-87.

6. 仇焕广, 严健标, 蔡亚庆, 李瑾. 我国专业畜禽养殖的污染排放与治理对策分析——基于五省调查的实证研究. 农业技术经济, 2012（5）：29-35.

7. 崔小年. 城郊生猪养殖业发展研究. [博士学位论文]. 北京: 中国农业大学图书馆, 2014.

8. 杜斌, 康积萍, 李松柏. 农户安全生产意愿影响因素分析. 西北农林科技大学学报（社会科学版）, 2014（3）：71-75.

9. 杜焱强, 刘平养, 包存宽, 苏时鹏. 社会资本视阈下的农村环境治理研究——以欠发达地区 J 村养殖污染为个案. 公共管理学报, 2016（4）：101-112.

10. 段宏超，赵黎．十三五期间中国养猪业发展战略．今日养猪业，2017（4）：58-62．

11. 范叶超，洪大用．差别暴露、差别职业和差别体验——中国城乡居民环境关心差异的实证分析．社会，2015（3）：141-167．

12. 方伟．农户技术跟风行为分析．统计与决策，2005（15）：34-35．

13. 冯淑怡，罗小娟，张丽军，石晓平．养殖企业畜禽粪尿处理方式选择、影响因素与适用政策工具分析——以太湖流域上游为例．华中农业大学学报（社会科学版），2013（1）：12-18．

14. 冯孝杰．三峡库区农业面源污染环境经济分析．[博士学位论文]．重庆：西南大学图书馆，2005．

15. 费威．食品供应链回收处理环节安全问题博弈分析——以"弃猪"事件为例．农业经济问题，2015（4）：94-101．

16. 高佳，宋戈．产权认知及外部环境对农户土地流转行为影响模型分析．农业工程学报，2017（5）：248-256．

17. 巩前文，穆向丽，田志宏．农户过量施肥风险认知及规避能力的影响因素分析——基于江汉平原284个农户的问卷调查．中国农村经济，2010（10）：66-76．

18. 郭斌，甄静，谭敏．城市居民绿色农产品消费行为及其影响因素分析．华中农业大学学报（社会科学版），2014（3）：82-90．

19. 郭晓．规模化畜禽养殖业控制外部环境成本的补贴政策研究．[博士学位论文]．重庆：西南大学图书馆，2012．

20. 郭利京，赵瑾．非正式制度与农户亲环境行为——以农户秸秆处理行为为例．中国人口·资源与环境，2014a（11）：69-75．

21. 郭利京，赵瑾．农户亲环境行为的影响机制及政策干预——以秸秆处理行为为例．农业经济问题，2014b（12）：78-84．

22. 谷晓明，邢可霞，易礼军，陈禹桥，刘青扬，徐湘博，高尚宾，马中．农村养殖户畜禽粪污综合利用的公共私营合作制（PPP）模式分析．生态与农村环境学报，2017（1）：62-69．

23. 韩冬梅，金书秦，沈贵银，梁健聪. 畜禽养殖污染防治的国际经验与借鉴. 世界农业，2013（5）：8-12.

24. 何可，张俊飚，张露，吴雪莲. 人际信任、制度信任与农民环境治理参与意愿——以农业废弃物资源化为例. 管理世界，2015（5）：75-88.

25. 何开伦，彭铁. 生猪绿色供应链管理模式及实施策略——以重庆市生猪产业为例. 农业现代化研究，2011（4）：440-444.

26. 何如海，江激宇，张士云，尹昌斌，柯木飞. 规模化养殖下的污染清洁处理技术采纳意愿研究——基于安徽省3市奶牛养殖场的调研数据. 南京农业大学学报（社会科学版），2013（3）：47-53.

27. 何郁冰，陈劲. 开放式全面创新：理论框架与案例分析. 西安电子科技大学学报（社会科学版），2009（3）：59-64.

28. 黄进勇. 生态农业及其模式研究. 中国农学通报，2005（5）：376-379.

29. 黄凯南. 演化博弈与演化经济学. 经济研究，2009（2）：13-45.

30. 黄炜虹，齐振宏，邬兰娅，胡剑. 农户对生态农业模式的偏好与额外投入水平研究——基于重庆市358户农户调查数据. 农业技术经济，2016a（11）：34-43.

31. 黄炜虹，齐振宏，邬兰娅，胡剑. 农户环境意识对环境友好行为的影响——社区环境的调节效应研究. 中国农业大学学报，2016b（11）：155-164.

32. 黄炜虹，齐振宏，邬兰娅，胡剑. 农户从事生态循环农业意愿与行为的决定：市场收益还是政策激励？. 中国人口·资源与环境，2017（8）：69-77.

33. 黄贤金，钟太洋. 循环经济学：学科特征与趋势展望. 中国人口·资源与环境，2005（4）：5-10.

34. 侯杰泰，温忠麟，成子娟. 结构方程模型及其应用. 教育科学出版社，2004.

35. 姜百臣，朱桥艳，欧晓明．优质食用农产品的消费者支付意愿及其溢价的实验经济学分析——来自供港猪肉的问卷调查．中国农村经济，2013（2）：23-34.

36. 江永红，马中．农民经济行为与环境问题研究．中州学刊，2008（3）：114-118.

37. 孔德斌．农村社区治理：从硬治理向软治理的转变．[博士学位论文]．南京：南京农业大学图书馆，2014.

38. 孔凡斌，王智鹏，潘丹．畜禽规模化养殖环境污染处理方式分析．江西社会科学，2016（10）：59-65.

39. 梁流涛，冯淑怡，曲福田．农业面源污染形成机制：理论与实证．中国人口·资源与环境，2010（4）：74-80.

40. 李芬妮，张俊飚，何可．非正式制度、环境规制对农户绿色生产行为的影响——基于湖北1105份农户调查数据．资源科学，2019（7）：1227-1239.

41. 李立清，许荣．养殖户病死猪处理行为的实证分析．农业技术经济，2014（3）：26-32.

42. 李俏，李久维．农村意见领袖参与农技推广机制创新研究．中国科技论坛，2015（6）：148-153.

43. 李容容，罗小锋，熊红利，李兆亮．供需失衡下农户技术需求表达研究．西北农林科技大学学报（社会科学版），2017（2）：134-141.

44. 李金昌，程开明．经济学研究的统计思想探讨．商业经济与管理，2008（4）：55-61.

45. 刘军弟，王凯，季晨．养猪户防疫意愿及其影响因素分析——基于江苏省的调查数据．农业技术经济，2009（4）：74-81.

46. 李俊．如何更好地解读社会？——论问卷设计的原则与程序．调研世界，2009（3）：46-48.

47. 李文华，刘某承，闵庆文．中国生态农业的发展与展望．资源科学，2010（6）：1015-1021.

48. 林伟坤. 规模养殖户家禽疫病防控行为的影响因素研究——基于山西省长治市的养殖户调查. [硕士学位论文]. 南京: 南京农业大学图书馆, 2009.

49. 林怡, 范增峰, 黄秀声, 刘晖, 刘明香. 基于循环经济的生态养殖园区规划研究与案例分析——以福州创世纪生猪生态养殖园区为例. 中国农学通报, 2017 (11): 158-164.

50. 刘雪芬, 杨志海, 王雅鹏. 畜禽养殖户生态认知及行为决策研究——基于山东、安徽等6省养殖户的实地调研. 中国人口·资源与环境, 2013 (10): 169-176.

51. 刘纯彬, 刘俊威. 中国现代生态农业建设的难点及着力点. 广西民族大学学报 (哲学社会科学版), 2010 (1): 2-6.

52. 刘纯彬, 张晨. 资源型城市绿色转型内涵的理论探讨. 中国人口·资源与环境, 2009 (5): 6-10.

53. 罗必良. 推进我国农业绿色转型发展的战略选择. 农业经济与管理, 2017 (7): 8-11.

54. 红岩, 李娟. 农产品质量安全: 多重规制、行为重塑与治理绩效——基于"安丘模式"的调研分析. 农村经济, 2015 (12): 15-20.

55. 刘雪峰. 网络嵌入性与差异化战略及企业绩效关系研究. [博士学位论文]. 浙江: 浙江大学图书馆, 2007.

56. 李鹏, 张俊飚, 颜廷武. 农业废弃物循环利用参与主体的合作博弈及协同创新绩效研究——基于DEA-HR模型的16省份农业废弃物基质化数据验证. 管理世界, 2014 (1): 90-104.

57. 李诗荣. 养猪户防疫意愿与影响因素. 畜牧兽医科技信息, 2016 (1): 69-70.

58. 李宗才. 发展生态农业与制度创新研究. 科学社会主义, 2013 (2): 121-123.

59. 李正图. 论诺思制度变迁理论的思维逻辑框架. 江淮论坛, 2007 (6): 55-62.

60. 骆世明. 论生态农业的技术体系. 中国生态农业学报, 2010

（3）：453-457.

61. 罗起娟．猪场用药原则．养殖与饲料，2014（11）：38-39.

62. 罗士俐．外部性理论的困境及其出路．当代经济研究，2009（10）：26-31.

63. 卢现祥．马克思理论与西方新制度经济学．中国经济问题，1996（5）：23-27.

64. 孟祥海，张俊飚，李鹏，陈晓坤．畜牧业环境污染形势与环境治理政策综述．生态与农村环境学报，2014（1）：1-8.

65. 闵继胜，周力．组织化降低了规模养殖户的碳排放了吗——来自江苏三市229个规模养猪户的证据．农业经济问题，2014（9）：35-42.

66. 聂伟．公众环境关心的城乡差异与分解．中国地质大学学报（社会科学版），2014（1）：62-70.

67. 牛亚丽．"农超对接"中农户认知对其参与行为影响研究．[博士学位论文]．沈阳：沈阳农业大学图书馆，2014a.

68. 牛亚丽，周静．交易成本、农户认知及参与"农超对接"行为——基于辽宁省梨农的调查数据．农业技术经济，2014b（9）：89-96.

69. 潘丹，孔凡斌．养殖户环境友好型畜禽粪便处理方式选择行为分析——以生猪养殖为例．中国农村经济，2015（9）：17-29.

70. 潘丹．不同规模养殖户畜禽污染治理政策接受意愿分析——基于选择试验方法．中国农业大学学报，2017（3）：188-197.

71. 彭天杰．论人类生态环境大系统的多目标控制．环境科学丛刊，1987（10）：1-83.

72. 彭玉珊．优质猪肉供应链中养殖与屠宰加工环节的质量安全行为协调机制研究．[博士学位论文]．泰安：山东农业大学图书馆，2012.

73. 浦华，白裕兵．养殖户违规用药行为影响因素研究．农业技术经济，2014（3）：40-48.

74. 齐振宏. 养猪业循环经济生态产业链理论与实践研究. 北京：科学出版社, 2015.

75. 乔娟, 刘增金. 产业链视角下病死猪无害化处理研究. 农业经济问题, 2015 (2)：102-109.

76. 冉春艳. 武汉市养猪业循环经济发展模式研究. [硕士学位论文]. 武汉：华中农业大学图书馆, 2009.

77. 任金强, 梅宗香, 薛翠云, 李正坤, 綦红卫. 规模猪场的科学选址与修建. 当代畜牧, 2014 (7)：8-9.

78. 沙鸣, 孙世民. 供应链环境下猪肉质量链节点的重要程度分析——山东等16省（市）1156份问卷调查数据. 中国农村经济, 2011 (9)：49-59.

79. 沈建忠. 猪场科学合理用药应谨慎使用抗菌药物. 兽医导刊, 2015 (1)：37-38.

80. 沈奇泰松. 组织合法性视角下制度压力对企业社会绩效的影响机制研究. [博士学位论文]. 杭州：浙江大学图书馆, 2010.

81. 沈玉君, 赵立欣, 孟海波. 我国病死畜禽无害化处理现状与对策建议. 中国农业科技导报, 2013 (6)：167-173.

82. 石智雷, 杨云彦. 家庭禀赋、家庭决策与农村迁移劳动力回流. 社会学研究, 2012 (3)：157-181.

83. 舒畅, 乔娟, 耿宁. 畜禽养殖废弃物资源化的纵向关系选择研究——基于北京市养殖场户视角. 资源科学, 2017 (7)：1338-1348.

84. 宋言奇. 发达地区农民环境意识调查分析——以苏州市714个样本为例. 中国农村经济, 2010 (1)：53-62.

85. 宋泽文, 欧阳顺根. 中小型猪场的选址布局与设计. 中国猪业, 2009 (8)：54-55.

86. 孙世民, 彭玉珊. 论优质猪肉供应链中养殖与屠宰加工环节的质量安全行为协调. 农业经济问题, 2012 (3)：77-83.

87. 孙洪波. 猪肉供应链上的机会主义根源及治理对策研究. [博士学位论文]. 北京：中国农业科学院图书馆, 2012.

88. 孙岩，武春友．环境行为理论研究评述．科研管理，2007（3）：108-113.

89. 唐学玉．安全农产品生产户环境保护行为研究．［博士学位论文］．西安：西北农林科技大学图书馆，2013.

90. 唐素云，齐振宏，李欣蕊．生计资产对规模养猪户环境风险感知的影响实证．中国生态农业学报，2014（5）：602-609.

91. 唐素云．规模养猪户环境风险感知对环境行为影响研究．［硕士学位论文］．武汉：华中农业大学图书馆，2015.

92. 谭荣．陕南秦巴山区农户环境行为的影响因素分析．［硕士学位论文］．临汾：山西师范大学图书馆，2012.

93. 汪爱娥．消费者对安全猪肉的支付意愿及其影响因素——基于武汉市的实地调研．中国农学通报，2016（26）：175-180.

94. 王常伟，顾海英．农户环境认知、行为决策及其一致性检验——基于江苏农户调查的实证分析．长江流域资源与环境，2012（10）：1204-1208.

95. 王海涛，王凯．养猪户安全生产决策行为影响因素分析——基于多群组结构方程模型的实证研究．中国农村经济，2012a（11）：21-30.

96. 王海涛．产业链组织、政府规制与生猪养殖户安全生产决策行为研究．［博士学位论文］．南京：南京农业大学图书馆，2012b.

97. 王冀宁，赵顺龙．外部性约束、认知偏差、行为偏差与农户贷款困境——来自716户农户贷款调查问卷数据的实证检验．管理世界，2007（9）：69-75.

98. 王建华，刘苗，浦徐进．政策认知对生猪养殖户病死猪不当处理行为风险的影响分析．中国农村经济，2016（5）：84-95.

99. 王建明．资源节约意识对资源节约行为的影响——中国文化背景下一个交互效应和调节效应模型．管理世界，2013（8）：77-90.

100. 王建云．案例研究方法的研究述评．社会科学管理与评论，2013（3）：77-82.

101. 王民．环境意识概念的产生与定义．自然辩证法通讯，2000（4）：86-90.

102. 王娜．探索性因子分析中统计方法的比对研究．价值工程，2014（17）：274-276.

103. 王琪延，侯鹏．北京城市居民环境行为意愿研究．中国人口·资源与环境，2010（10）：61-67.

104. 王欧，张灿强．国际生态农业与有机农业发展政策与启示．世界农业，2013（1）：48-52.

105. 王松伟．农户生猪养殖不同规模的成本书——以南川区大规模的调查研究为例．［硕士学位论文］．重庆：西南大学图书馆，2011.

106. 王志涛，李馨．全产业链模式能够保证食品安全吗？——基于雏鹰农牧集团的案例研究．管理案例研究与评论，2016（3）：273-287.

107. 温忠麟，侯杰泰，张雷．调节效应与中介效应的比较和应用．心理学报，2005（2）：268-274.

108. 魏便娥，张志鹏．用科学发展观指导规模养猪．今日养猪业，2012（2）：37-38.

109. 邬兰娅，齐振宏，黄炜虹，朱萌，胡剑．生猪养殖户生态养殖模式采纳意愿及其影响因素研究．农业现代化研究，2017a（2）：284-290.

110. 邬兰娅，齐振宏，黄炜虹．环境感知、制度情境对生猪养殖户环境成本内部化行为的影响——以粪污无害化处理为例．华中农业大学学报（社会科学版），2017b（5）：28-35.

111. 邬兰娅，齐振宏，左志平．养猪业环境协同治理：模式界定、分析框架与机制构建．农村经济，2017c（6）：116-120.

112. 邬小撑，毛杨仓，占松华，余欣波，张跃华．养猪户使用兽药及抗生素行为研究——基于964个生猪养殖户微观生产行为的问卷调查．中国畜牧杂志，2013（14）：19-23.

113. 吴买生．农村规模养猪问题探讨．湖南畜牧兽医，2009（1）：

34-37.

114. 吴林海，许国艳，Hu Wuyang. 生猪养殖户病死猪处理影响因素及其行为选择——基于仿真实验的方法. 南京农业大学学报（社会科学版），2015（2）：90-101.

115. 吴林海，谢旭燕. 生猪养殖户兽药使用行为的主要影响因素研究——以阜宁县为案例. 农业现代化研究，2015（4）：630-635.

116. 吴林海，裘光倩，许国艳，陈秀娟. 病死猪无害化处理政策对生猪养殖户行为的影响效应. 中国农村经济，2017（2）：56-69.

117. 夏佳奇，何可，张俊飚. 环境规制与村规民约对农户绿色生产意愿的影响——以规模养猪户养殖废弃物资源化利用为例. 中国生态农业学报（中英文），2019（12）：1925-1936.

118. 晓伟. 一种新的文化观念——环境道德. 环境导报，1994（1）：43.

119. 谢康. 中国食品安全治理：食品质量链多主体多中心协同视角的分析. 产业经济评论，2014（3）：18-26.

120. 辛翔飞，张怡，王济民. 我国畜产品消费：现状、影响因素及趋势判断. 农业经济问题，2015（10）：77-85.

121. 幸云超，唐建英，唐耀平，张红艳，刘艳红. 中小规模养猪场（小区）动物防疫管理制度及其主要法律责任. 中国畜禽种业，2008（7）：6-9.

122. 宣亚南，欧名豪，曲福田. 循环型农业的含义、经济学解读及其政策含义. 中国人口·资源与环境，2005（2）：27-31.

123. 薛淑梅. 规模养猪场的防疫管理. 中国畜禽种业，2014（4）：80-81.

124. 薛薇. SPSS 统计分析方法及应用. 北京：电子工业出版社，2004.

125. 许冠南. 关系嵌入性对技术创新绩效的影响研究. ［博士学位论文］. 杭州：浙江大学图书馆，2008.

126. 徐海雄，姚娜，李铭，廖晓光，黄光云. 农业循环经济中的养殖场粪污无害化处理．上海畜牧兽医通讯，2015（2）：69-71.

127. 郇庆治．传统生态意识：时代视角与价值转换．自然辩证法研究，1996（9）：17-20.

128. 许琴，罗宇，刘嘉．方向感的加工机制及影响因素．心理科学进展，2010（8）：1208-1221.

129. 徐志刚，张炯，仇焕广．声誉诉求对农户亲环境行为的影响研究——以家禽养殖户污染物处理方式选择为例．中国人口·资源与环境，2016（10）：44-52.

130. 严小东，凌钦润，袁成进．规模养猪场粪污综合治理和利用技术研究．广西农学报，2014（1）：45-49.

131. 杨和伟．中小规模标准化生猪养殖技术方案的建立．［硕士学位论文］．武汉：华中农业大学图书馆，2011.

132. 杨桔．循环农业的内涵界定和发展模式研究综述．安徽农业科学，2013（29）：11886-11888.

133. 杨唯一，鞠晓峰．基于博弈模型的农户技术采纳行为分析．中国软科学，2014（11）：42-49.

134. 杨朝飞．关于环境意识内涵的研究．环境保护，1992（4）：26-28.

135. 姚炎祥，徐国梁．中国传统哲学与环境保护．苏州城建环保学院学报，1996（3）：1-12.

136. 叶兴庆．制度是畜禽养殖废弃物资源化利用的根本保障．农村工作通讯，2017（15）：34-35.

137. 应瑞瑶，薛莘绮，周力．基于垂直协作视角的农户清洁生产关键点研究——以生猪养殖业为例．资源科学，2014（36）：612-619.

138. 印遇龙．准确把握新常态下的生猪产业发展趋势．湖南畜牧兽医，2015（3）：56-56.

139. 易泽忠．湖南生猪业发展及其风险管理研究．［博士学位论文］．长沙：中南大学图书馆，2012.

140. 袁平，朱立志．中国农业污染防控：环境规制缺陷与利益相关者的逆向选择．农业经济问题，2015（11）：73-80.

141. 袁伟彦．农户生态创新表现及其影响因素——基于生猪养殖户的调查分析．广东农业科学，2016（11）：149-158.

142. 岳丹萍．江苏省养猪业污染与对策的实证研究．［硕士学位论文］．南京：南京农业大学图书馆，2008.

143. 虞慧怡，许志华，曾贤刚，卢熠蕾．社会资本对环境政策的影响研究进展．软科学，2016（1）：22-25.

144. 虞祎，张晖，胡浩．排污补贴视角下的养殖户环保投资影响因素研究——基于沪、苏、浙生猪养殖户的调查分析．中国人口·资源与环境，2012（22）：159-163.

145. 虞祎．环境约束下生猪生产布局变化研究．［博士学位论文］．南京：南京农业大学图书馆，2012.

146. 翟勇．中国生态农业理论与模式创新研究．北京：中国农业大学出版社，2008.

147. 赵丽平，邱雯，王雅鹏，何可．农户生态养殖认知及其行为的不一致性分析——以水禽养殖户为例．华中农业大学学报（社会科学版），2015（6）：44-50.

148. 张爱卿．论人类行为的动机——一种新的动机理论构理．华东师范大学学报（教育科学版），1996（1）：71-80.

149. 张董敏，齐振宏，李欣蕊，曹丽红，朱萌，邬兰娅．农户两型农业认知对行为响应的作用机制——基于 TPB 和多群组 SEM 的实证研究．资源科学，2015（7）：1482-1490.

150. 张董敏．农村生态文明水平评价与形成机理研究．［博士学位论文］．武汉：华中农业大学图书馆，2016.

151. 张晖，虞祎，胡浩．基于农户视角的畜牧业污染处理意愿研究——基于长三角生猪养殖户的调查．农村经济，2011（10）：92-94.

152. 张丽军．补贴等政策工具对畜禽养殖污染防治的效果分析——以无锡、常州和镇江的规模化养殖户为例．［硕士学位论文］．南京：南京农业大学图书馆，2009.

153. 张力. 为养殖企业减排增效支招——环境友好型养猪场粪便环保处理技术（上）. 中国动物保健, 2007（1）: 10-13.

154. 张丽莉. 消费心理学. 北京: 清华大学出版社, 2010.

155. 张方圆, 赵雪雁, 田亚彪, 侯彩霞, 张亮. 社会资本对农户生态补偿参与意愿的影响——以甘肃省张掖市、甘南藏族自治州、临夏回族自治州为例. 资源科学, 2013（9）: 1821-1827.

156. 张郁, 齐振宏, 孟祥海, 张董敏, 邬兰娅. 生态补偿政策情境下家庭资源禀赋对养猪户环境行为影响——基于湖北省 248 个专业养殖户（场）的调查研究. 农业经济问题, 2015a（6）: 82-91.

157. 张郁, 齐振宏, 孟祥海. 规模养猪户的环境风险感知及其影响因素. 华南农业大学学报（社会科学版）, 2015b（2）: 27-36.

158. 张郁, 江易华. 环境规制政策情境下环境风险感知对养猪户环境行为影响——基于湖北省 280 户规模养殖户的调查. 农业技术经济, 2016（11）: 76-86.

159. 张郁, 刘耀东. 养猪户环境风险感知影响因素的实证研究——基于湖北省 280 个规模养猪户的调研. 中国农业大学学报, 2017（6）: 168-176.

160. 张郁, 齐振宏, 孟祥海. 规模养猪户的环境风险感知及其影响因素. 华南农业大学学报（社会科学版）, 2015c（2）: 27-36.

161. 张玉梅. 基于循环经济的生猪养殖模式研究——以北京市为例. [博士学位论文]. 北京: 中国农业大学图书馆, 2015.

162. 张跃华, 邬小撑. 食品安全及其管制与养猪户微观行为——基于养猪户出售病死猪及疫情报告的问卷调查. 中国农村经济, 2012（7）: 72-83.

163. 赵瑾, 郭利京. 非正式制度对农户亲环境行为的影响研究. 安徽农业科学, 2017（4）: 234-238.

164. 赵志勇, 朱礼华. 环境邻避的经济学分析. 社会科学, 2013（10）: 60-66.

165. 郑黄山, 陈淑凤, 孙小霞, 苏时鹏. 为什么"污染者付费原则"在农村难以执行？——南平养猪污染第三方治理中养猪户付费行为研究.中国生态农业学报,2017(7):1081-1089.

166. 郑风田.制度变迁与中国农民经济行为.北京：中国农业科技出版社,2000.

167. 钟涨宝,汪萍.农地流转过程中的农户行为分析——湖北、浙江等地的农户问卷调查.中国农村观察,2003(6):55-64.

168. 周力,薛莘绮.基于纵向协作关系的农户清洁生产行为研究——以生猪养殖为例.南京农业大学学报(社会科学版),2014(3):29-36.

169. 周力.产业集聚、环境规制与畜禽养殖半点源污染.中国农村经济,2011(2):60-73.

170. 周洁红,陈晓莉,刘清宇.猪肉屠宰加工企业实施质量安全追溯的行为、绩效及政策选择——基于浙江的实证分析.农业技术经济,2012(8):29-37.

171. 周锦,孙杭生.江苏省农民的环境意识调查与分析.中国农村观察,2009(3):47-52.

172. 周集体,项学敏,康晓林.生态农业理论及其发展初探.环境保护与循环经济,2008(2):13-14.

173. 周应恒,吴丽芬.城市消费者对低碳农产品的支付意愿研究——以低碳猪肉为例.农业技术经济,2012(8):4-12.

174. 周志家.环境意识研究：现状、困境与出路.厦门大学学报(哲学社会科学版),2008(4):19-26.

175. 庄平.社会规范系统的结构与机制.社会学研究,1988(4):7-16.

176. 朱启荣.养猪户使用药物添加剂的质量安全意识及影响因素实证分析——基于山东省部分地区的调查.安徽农业科学,2008(29):12910-12912.

177. 朱哲毅,应瑞瑶,周力.畜禽养殖末端污染治理政策对养殖户清洁生产行为的影响研究——基于环境库兹涅茨曲线视角的选择性试验．华中农业大学学报（社会科学版），2016（5）：55-62.

178. 左志平，齐振宏，邬兰娅．环境管制下规模养猪户绿色养殖模式演化机理——基于湖北省规模养猪户的实证分析．农业现代化研究，2016a（1）：71-78.

179. 左志平，齐振宏，邬兰娅．碳税补贴视角下规模养猪户低碳养殖行为决策分析．中国农业大学学报，2016b（2）：150-159.

180. 左志平，齐振宏．供应链框架下规模养猪户绿色养殖模式演化机理分析．中国农业大学学报，2016 c（3）：131-140.

181. 左志平，齐振宏，胡剑，游梦琪．生猪供应链绿色运营模式演化路径及影响机理分析．农业现代化研究，2017（2）：275-283.

182. Ajzen I, Fishbein M. A Bayesian analysis of attribution processes. PsycBull USA, 1975, 82：261.

183. Ajzen I. The theory of planned behavior. OrgaBeha HumaDeci Pro USA, 1991, 50：179-211.

184. Ajzen I, Madden T J. Prediction of goal-directed behavior：Attitudes, intentions and behavioral control. Exp Soc Psychol USA, 1986, 22：453-474.

185. Ajzen I. From intentions to actions：A theory of planned behavior. Kuhl J, Beckman J. Action control：From cognition to behavior. Heidelberg：Springer press, 1985：11-39.

186. Allen J B, Ferrand J L. Environmental locus of control, sympathy, and pro-environmental behavior：A test of Geller's actively caring hypothesis. Environ Behav USA, 1999, 31：338-353.

187. Andrade S B, Anneberg I. Farmers under pressure. Analysis of the social conditions of cases of animal neglect. J Agric Environ Ethics CA, 2014, 27：103-126.

188. Arnold J G, Allen P M, Ramanarayanan T S, et al. The geographical distribution of freeze/thaw and wet/dry cycles in the United States. Environ Eng Geosci USA, 1996, 2：596-603.

189. Bager T, Proost J. Voluntary regulation and farmers' environmental behaviour in Denmark and the Netherlands. Sociol Ruralis NLD, 1997, 37: 79-96.

190. Bayard B, Jolly C. Environmental behavior structure and socio-economic conditions of hillside farmers: a multiple-group structural equation modeling approach. Ecol Econ NLD, 2007, 62: 433-440.

191. Baumol W J, Oates W E. The theory of environmental policy. Cambridge university press, 1988.

192. Bang H K, Ellinger A E, Hadjimarcou J, Traichal P A. Consumer concern, knowledge, belief, and attitude toward renewable energy: An application of the reasoned action theory. Psychol Mark USA, 2000, 17: 449-468.

193. Bebbington A. Capitals and capabilities: a framework for analyzing peasant viability, rural livelihoods and poverty. World Dev UK, 1999, 27: 2021-2044.

194. Beedell J, Rehman T. Using social-psychology models to understand farmers' conservation behaviour. J Rural Stud UK, 2000, 16: 117-127.

195. Borges J A R, Foletto L, Xavier V T. An interdisciplinary framework to study farmers decisions on adoption of innovation: Insights from Expected Utility Theory and Theory of Planned Behavior. Afr J Agric Res KEN, 2015, 10: 2814-2825.

196. Bruckmeier K, Teherani-Krönner P. Farmers and environmental regulation. Sociol Ruralis NED, 1992, 32: 66-81.

197. Buttel F H, Flinn W L. The structure of support for the environmental movement, 1968-1970. Rural Soc USA, 1974, 39: 56.

198. Cassidy T. Environmental psychology: Behaviour and experience in context. Psychology Press, 2013.

199. Cary J W, Wilkinson R L. Perceived profitability and farmers

conservation behaviour. J Agric Econ CZ, 1997, 48: 13-21.

200. Chemtob C, Roitblat H L, Hamada R S, Carlson J G , Twentyman C T. A cognitive action theory of post-traumatic stress disorder. Anxiety Disord NED, 1988, 3: 253-275.

201. Chen X, Qiu G, Wu L, Xu, G, Wang J, Hu, W. Influential impacts of combined government policies for safe disposal of dead pigs on farmer behavior. Environ Sci Pollut R GER, 2017, 24: 3997-4007.

202. Colémont A, Van den Broucke S. Measuring determinants of occupational health related behavior in Flemish farmers: An application of the Theory of Planned Behavior. J Safety Res UK, 2008, 39: 55-64.

203. Coase R H. The institutional structure of production. Am Econ Rev USA, 1992, 82: 713-719.

204. Dercon S, Christiaensen L. Consumption risk, technology adoption and poverty traps: Evidence from Ethiopia. J Dev Econ NED, 2011, 96: 159-173.

205. De Souza Filho H M, Young T, Burton M P. Factors influencing the adoption of sustainable agricultural technologies: evidence from the State of Espirito Santo, Brazil. Technol Forecast Soc Change USA, 1999, 60: 97-112.

206. Diekmann A, Preisendorfer P. Ecology in everyday life-inconsistencies between environmental attitudes and behavior. Kolner Z Soz Sozpsychol GER, 1992, 44: 226-251.

207. Dimmaggio P, Powell W. The iron cage revisited: Institutional isomorphism and collective rationality in organizational fields. Am Sociol Re USA, 1983, 48: 147-160.

208. Dunlap Riley E, Van Liere Kent D, Mertig A G, Jones R E. Measuring endorsement of the new ecological paradigm: A revised NEP scale. J Soc Issues USA, 2000, 56: 425-442.

209. Eckes T, Six B. Fakten und Fiktionen in der Einstellungs-

Verhaltens-Forschung: Eine Meta-Analyse. Z Soz Sozpsychol GER, 1994.

210. Fridernan D. Evolutioaary games in economics. Econometrica, 1991: 637-666.

211. Gatersleben B, Steg L, Vlek C. Measurement and determinants of environmentally significant consumer behavior. Environ Behav USA, 2002, 34: 335-362.

212. Gadenne D L, Kennedy J, McKeiver C. An empirical study of environmental awareness and practices in SMEs. J Bus Ethics NED, 2009, 84: 45-63.

213. Griffin R C, Bromley D W. Agricultural runoff as a nonpoint externality: a theoretical development. Am J Agric Econ USA, 1982, 64: 547-552.

214. Gutteling J M, Wiegman O. Gender-specific reactions to environmental hazards in the Netherlands. Sex roles USA, 1993, 28: 433-447.

215. Guagnano G A, Stern P C, Dietz T. Influences on attitude behavior relationships: A natural experiment with curbside recycling. Environ Behav USA, 1995, 27: 699-718.

216. Hanley N, Moffatt I, Faichney R, et al. Measuring sustainability: a time series of alternative indicators for Scotland. Ecol Econ END, 1999, 28: 55-73.

217. Hines J M, Hungerford H R, Tomera A N. Analysis and synthesis of research on responsible environmental behavior: A meta-analysis. J Environ Educ UK, 1986, 18: 1-8.

218. Hirsh J B, Dolderman A. Personality predictors of consumerism and environmentalism: A preliminary study. Individ Differ Res USA, 2007, 43: 1583-1593.

219. Meuwissen M P, Velthuis A G, Hogeveen H, Huirne R B. Traceability and certification in Meat Supply Chains. J Agribusiness USA,

2003, 4: 36-49.

220. Hsu S J, Roth R E. An assessment of environmental literacy and analysis of predictors of responsible environmental behaviour held by secondary teachers in the Hualien area of Taiwan. Environ Educ Res UK, 1998, 4: 229-249.

221. Hunter L M, Hatch A, Johnson A. Cross-national gender variation in environmental behaviors. Soc Sci Quart USA, 2004, 85: 677-694.

222. Hungerford H R, Pevton R B, Tomera A N. Invertigating and evaluating environmental issues and actions skill development modules. Illinois: Stipes Publishing Company, 1985.

223. Inglehart R. Culture shift in advanced industrial society. Princeton: Princeton University Press, 1990.

224. Lauwere C, van Asseldonk M, van´t Riet J, Hoop J, Pierick E. Understanding farmers´ decisions with regard to animal welfare: The case of changing to group housing for pregnant sows. Livest Sci NED, 2012, 143: 151-161.

225. Lucas S R. Beyond the existence proof: ontological conditions, epistemological implications, and in-depth interview research. Qual Quant NED, 2014, 48: 387-408.

226. Marshall A. Industry and trade: a study of industrial technique and business organization; and of their influences on the conditions of various classes and nations. London: Macmillan, 1920.

227. Mary K, Hendrickson H S, James J R. The ethics of constrained choice: how the industrialization of agriculture impacts farming and farmer behavior. J Agric Environ Ethics CA, 2005, 3: 269-291.

228. McMahon M. Standard fare or fairer standards: Feminist reflections on agri-food governance. Agric Human Values USA, 2011, 28: 401-412.

229. McDonald R P, Marsh H W. Choosing a multivariate model: Noncentrality and goodness of fit. Psychol Bull USA, 1990, 107: 247.

230. Mccann E, Sullivan S, Erickson D, De Young R. Environmental awareness, economic orientation, and farming practices: a comparison of organic and conventional farmers. J Environ Manage UK, 1997, 21: 747-758.

231. Meyer J W, Rowan B. Institutionalized organizations: Formal structure as myth and ceremony. Am J Sociol USA, 1977, 83: 340-363.

232. Michel-Guillou E, Moser G. Commitment of farmers to environmental protection: From social pressure to environmental conscience. J Environ Psychol UK, 2006, 26: 227-235.

233. Morrison R S, Johnston L J, Hilbrands A M. A note on the effects of two versus one feeder locations on the feeding behaviour and growth performance of pigs in a deep-litter, large group housing system. Appl Anim Behav Sci NED, 2007, 107: 157-161.

234. Hirst W E. The making of cognitive science: Essays in honor of George A Miller. Cambridge University Press, 1988.

235. Nordhaus W D. Economic growth and climate: the carbon dioxide problem. Am Econ Rev USA, 1977, 67: 341-346.

236. North D C. Institutions, institutional change and economic performance. Cambridge university press, 1990.

237. Oenema O. Governmental policies and measures regulating nitrogen and phosphorus from animal manure in European agriculture. J Anim Sci USA, 2004, 82: 196-206.

238. Pan D, Zhou G, Zhang N, et al. Farmers' preferences for livestock pollution control policy in China: a choice experiment method. J Clean Prod NED, 2016, 131: 572-582.

239. Pedersen A B, Nielsen H Ø, Christensen T, et al. Optimising the effect of policy instruments: a study of farmers' decision rationales and how they match the incentives in Danish pesticide policy. J Envuron Plann Man UK, 2012, 55: 1094-1110.

240. Picazo-Tadeo A J, Reig-Martinez E. Farmers' costs of

environmental regulation: Reducing the consumption of nitrogen in citrus farming. Econ Model UK, 2007, 24: 312-328.

241. Platt J. "Case study" in American methodological thought. Curr Soci UK, 1992, 40: 17-48.

242. Pred A. Structuration and place: on the becoming of sense of place and structure of feeling. J Theory Soc Behav UK, 1983, 13: 45-68.

243. Randall A. Market solutions to externality problems: theory and practice. Am J Agric Econ USA, 1972, 54: 175-183.

244. Ramus C A, Steger U. The roles of supervisory support behaviors and environmental policy in employee "Ecoinitiatives" at leading-edge European companies. Acade Manage J USA, 2000, 43: 605-626.

245. Rivera J, De Leon P. Is greener whiter? Voluntary environmental performance of western ski areas. Policy Stud J USA, 2004, 32: 417-437.

246. Scott D, Willits F K. Environmental attitudes and behavior: A Pennsylvania survey. Environ Behav USA, 1994, 26: 239-260.

247. Scott W R. Institutions and organizations. Foundations for organizational science. A Sage Publication Series, 1995.

248. Sharma S. Managerial interpretations and organizational context as predictors of corporate choice of environmental strategy. Acad Manage J USA, 2000, 43: 681-697.

249. Shen Y, Tan M T T, Chong C, Xiao W, Wang, C H. An environmental friendly animal waste disposal process with ammonia recovery and energy production: Experimental study and economic analysis. Waste Manage UK, 2017, 68: 636-645.

250. Sheth J N. A model of industrial buyer behavior. J Mark USA, 1973: 50-56.

251. Shortle J S, Abler D G. Environmental policies for agricultural

pollution control. CABI Press, 2001.

252. Srivastava S K. Green supply chain management: a state of the art literature review. Int J Manage Rev USA, 2007, 9: 53-80.

253. Staats H, Harland P, Wilke H A M. Effecting durable change: A team approach to improve environmental behavior in the household. Environ Behav USA, 2004, 36: 341-367.

254. Stern P C. Managing scarce environmental resources. Handbook Environ Psychol UK, 1987: 1043-1088.

255. Stern P C, Dietz T, Abel T, Guagnano G A, Kalof L. A value-belief-norm theory of support for social movements: The case of environmentalism. Res Hum Ecol USA, 1999, 6 : 81-97.

256. Stern P C. Toward a coherent theory of environmentally significant behavior. J Soc Issues USA, 2000, 56 : 407-424.

257. Stoate C, Báldi A, Beja P, Boatman N D , Herzon I, Van D A, Ramwell C. Ecological impacts of early21st centurn agricultultural change in Europe-a review. Journal Environ manage UK, 2009, 91: 22-46.

258. Suchman M C. Managing legitimacy: Strategic and institutional approaches. Acad Manage Rev USA, 1995, 20: 571-610.

259. Tadesse T. Environmental concern and its implication to household waste separation and disposal: Evidence from Mekelle, Ethiopia. Resour Conserv Recycl NED, 2009, 53: 183-191.

260. Tharenou P, Donohue R, Cooper B. Management research methods. Cambridge University Press, 2007.

261. Tobler C, Visschers V H M, Siegrist M. Addressing climate change: Determinants of consumers' willingness to act and to support policy measures. J Environ Psychol UK, 2012, 32: 197-207.

262. Turner S P, Ewen M, Rooke J A, Edwards S A. The effect of

space allowance on performance, aggression and immune competence of growing pigs housed on straw deep-litter at different group sizes. Livest. Prod. Sci GER, 2000, 66: 47-55.

263. Valeeva N I, van Asseldonk M, Backus G B C. Perceived risk and strategy efficacy as motivators of risk management strategy adoption to prevent animal diseases in pig farming. Prev Vet Med NED, 2011, 102: 284-295.

264. Vogel S. Farmers environmental attitudes and behavior: A case study for Austria. Environ Behav USA, 1996, 28: 591-613.

265. Watson J B. Behaviorism. Transaction Publishers, 1958.

266. Williamson O E. Strategy research: governance and competence perspectives. Strategic Manage J USA, 1999: 1087-1108.

267. Wozniak, Gregory D. Joint information acquisition and new technology adoption: later versus early adoption. Rev. Econ. Stat USA, 2009, 75: 438-445.

268. Wu L, Xu G, Li Q, Hou B, Hu W, Wang, J. Investigation of the disposal of dead pigs by pig farmers in mainland China by simulation experiment. Environ Sci Pollut R GER, 2017, 24: 1469-1483.

269. Yin R K. Case study research: Design and methods. Sage publications, 2013.

270. Yiu D, Makino S. The choice between joint venture and wholly owned subsidiary: An institutional perspective. Organ Sci USA, 2002, 13: 667-683.

271. Yuan Z, Bi J, Moriguichi Y. The circular economy: A new development strategy in China. J Ind Ecol USA, 2006, 10: 4-8.

272. Zheng C, Liu Y, Bluemling B, et al. Modeling the environmental behavior and performance of livestock farmers in China: An ABM approach. Agric Syst UK, 2013, 122: 60-72.

273. Zheng C, Liu Y, Bluemling B, et al. Environmental potentials of policy instruments to mitigate nutrient emissions in Chinese livestock production. Sci Total Environ NED, 2015, 502: 149-156.

274. Zheng H, Chen S, Sun X, SU S. Why polluter-pays principle is difficult to implement in rural areas? ——A case study of pig-farmer paying behavior under the third party governance of pig-farming pollution in Nanping. Chn J Eco-Agriculture CHN, 2017, 7: 1081-1089.

275. Zhong Y, Huang Z, Wu L. Identifying critical factors influencing the safety and quality related behaviors of pig farmers in China. Food Control UK, 2017, 73: 1532-1540.

附录 A：猪场访谈提纲

一、请介绍一下您所在的猪场在环境保护和食品质量安全方面具体做了哪些工作？

1. 您认为养猪业对环境影响主要体现在哪些方面？

2. 您所在的猪场主要采取哪些措施来降低对环境的影响？

3. 您所在的猪场重视环保和猪肉质量安全的主要原因有哪些？

4. 本地政府对猪场的监管是否严厉？出现污染问题会受到哪些惩罚？

5. 本地政府对猪场环境治理有哪些具体的扶持政策？

6. 上下游供应商是否提出具体环保性要求？主要表现在哪些方面？

7. 您与其他养猪场之间是否经常就环保问题进行交流？您认为其他猪场哪些环保措施做得比较好？对您有哪些影响？

8. 您认为实施环境行为给您所在的猪场带来了哪些好处和不利的地方？

9. 您所在的猪场近几年实施环境保护行为投入和收益情况如何？

二、请介绍一下您所在的猪场实施环境行为驱动性因素有哪些？

1. 您是否认为绿色转型制度环境给猪场带来了较大的压力，如果有，这些压力主要来自于哪些？它的表现形式是什么？（例如政府政策、社会公众和消费者期望、行业规范、其他农户的模仿、周围农户监督、媒体参与等）

2. 您所在的猪场是否发生过危机事件？您是如何处理的？这段经历是否对猪场的环境行为选择有影响？如果有，具体感知到的压力表现在哪些方面？

3. 您感受的外部制度压力近年来有没有明显变化？

附录 B：规模养猪户环境行为调查问卷

问卷编号	
省市（县）乡（镇）村	
调查员	
调查日期	
户主电话	

尊敬的朋友：

您好！这是一份关于规模生猪养殖户环境行为的调查研究。问卷资料仅用于学术研究，问卷不记姓名，请您不必有任何顾虑，按照自己真实情况或想法来回答即可。真诚感谢您的参与！

养猪业环境行为包括：源头污染预防行为（如猪场科学选址、治污设施建设），过程安全控制行为（如卫生防疫管理、兽药规范使用），末端废物利用行为（如废弃物能源化、资源化、饲料化；病死猪无害化处理）。

华中农业大学农业资源与环境经济课题组

2018 年 6 月 1 日

一、养殖户基本情况

1-1. 您的性别：

A. 男　　　　　　　　B. 女

1-2. 您的年龄：

　　A. 30 岁及以下　　B. 31~40 岁　　　C. 41~50 岁

　　D. 51~60 岁　　　E. 61 岁及以上

1-3. 您的受教育程度：

　　A. 小学及以下　　B. 初中　　　　C. 高中/职中/中专

　　D. 大专　　　　　E. 本科及以上

1-4. 您家总共有 _____ 人，其中从事生猪养殖的劳动力有 _____ 人。

1-5. 您家有田地 _____ 亩；养猪场面积 _____ 平方米。

1-6. 2017 年，您家养猪收入大约占家庭总收入比重 _____（%）。

1-7. 您从事生猪养殖 _____ 年。2015 年，猪场年初存栏量 _____ 头，年末存栏量 _____ 头，全年共出栏生猪 _____ 头，其中，育肥猪 _____ 头，仔猪 _____ 头。您的养猪场有母猪 _____ 头。

1-8. 猪场饲料来源及比例：自己种植饲料比例 _____ %，外购饲料比例 _____ %，其他 _____ %。

1-9. 您是否参与了养殖专业合作社或养殖协会？

　　A. 否　　　　　　B. 是

1-10. 您养殖的生猪交易方式是？

　　A. 市场交易　　　　B. 屠宰加工企业定点收购

　　C. 合作社统一收购

1-11. 您的养殖技术主要来源（可多选）？

　　A. 自学技术　　　B. 亲戚朋友　　　C. 其他养殖户

　　D. 畜牧兽医站　　E. 农技推广部门　　F. 合作社/协会

二、生产养殖行为

2-1. 您的养猪场离最近居民区的距离有多远？

    A. 500 米以内   B. 500~2000 米   C. 2000 米以上

2-2. 您的养猪场建立了以下哪种治污设施（可多选）？

    A. 生物发酵床   B. 雨污分离设施 C. 氧化塘/生物塘

    D. 储粪池/化粪池   E. 沼气池   F. 其他_____

2-3. 您是如何对养猪场进行防疫管理的？

    A. 无疫病时没有专门进行防疫

    B. 根据自己的经验给生猪打疫苗

    C. 严格按照猪场免疫制度请兽医给生猪打疫苗

2-4. 在生产养殖过程中，您是如何使用兽药的？

    A. 怕药效不好，通常会多使用一些

    B. 按自己的养殖经验配药

    C. 听取兽医的建议配药

    D. 严格按说明书配药

2-5. 您是如何处理粪便的（可多选）？

    A. 用作肥料   B. 用作饲料   C. 生产沼气

    D. 出售   E. 随意乱倒   F. 其他_____

2-6. 您是如何处理污水的（可多选）？

    A. 排入氧化塘   B. 生产沼气   C. 直接还田

    D. 直接排入环境   E. 其他_____

2-7. 您是如何处理病死猪的？

    A. 随意丢弃   B. 深埋

    C. 焚烧   D. 售卖

    E. 送去无害化处理厂   F. 其他_____

三、养殖户生产的认知因素

针对以下表述，选择与您想法一致的数字打"√"，各数字的含义如括号所示。

（1：非常不同意，2：比较不同意，3：一般，4：比较同意，5：非常同意）

3-1	生猪养殖对农村生态环境带来了不良影响	1	2	3	4	5
3-2	生猪养殖污染会影响农作物和畜禽生产	1	2	3	4	5
3-3	不安全猪肉产品会损害消费者身体健康	1	2	3	4	5
3-4	发生畜禽疫病会给生猪养殖带来很大风险	1	2	3	4	5
3-5	实施生态生产能有效降低生猪养殖风险	1	2	3	4	5
3-6	养猪业污染与养殖户的生产行为关系很大	1	2	3	4	5
3-7	养殖户在解决养猪业环境问题上的责任很大	1	2	3	4	5
3-8	生产质量安全的猪肉会让您良心安稳	1	2	3	4	5
3-9	您会经常与其他养殖户交流生态生产经验	1	2	3	4	5
3-10	保护生态环境是每个人的责任与义务	1	2	3	4	5
3-11	猪舍朝向采用坐北向南比较好	1	2	3	4	5
3-12	"全进全出"理念是规模饲养健康发展的基础	1	2	3	4	5
3-13	"自繁自养"原则是保障猪场疫情稳定的一项重要措施	1	2	3	4	5
3-14	猪场的科学选址和布局能有效预防污染的发生	1	2	3	4	5
3-15	按说明书严格配置兽药/添加剂能确保猪肉质量安全	1	2	3	4	5
3-16	猪场实行卫生防疫管理能有效控制生猪疾病发生	1	2	3	4	5
3-17	把生猪养殖废弃物进行循环利用能改善农村环境	1	2	3	4	5
3-18	实施生态生产是一种科学的养殖方式	1	2	3	4	5
3-19	您觉得接受新的生产养殖方式很麻烦	1	2	3	4	5
3-20	您没有时间和精力去学习新的养殖技术	1	2	3	4	5
3-21	您觉得对生猪粪便进行无害化处理很麻烦	1	2	3	4	5
3-22	您认为把粪便处理后用作肥料的经济效益很好	1	2	3	4	5
3-23	您认为用粪便生产沼气的经济效益很好	1	2	3	4	5
3-24	您认为把粪便处理后用作饲料的经济效益很好	1	2	3	4	5
3-25	您认为采取生态生产方式要比普通养殖的综合收益高	1	2	3	4	5
3-26	您认为绿色有机猪肉产品的未来市场潜力较大	1	2	3	4	5

四、养猪业环境行为压力因素

针对以下表述，选择与您想法一致的数字打"√"，各数字的含义如括号所示。

（1：非常不同意，2：比较不同意，3：一般，4：比较同意，5：非常同意）

4-1	本地养殖企业能带头履行环境责任	1	2	3	4	5
4-2	本地养殖企业在生态生产上起到了示范作用	1	2	3	4	5
4-3	本地村民在进行农业生产时都很注重保护生态环境	1	2	3	4	5
4-4	本地其他养殖户在处理养殖废弃物方面都很积极	1	2	3	4	5
4-5	如果采用生态养殖技术的养殖户很多，您也会跟随大众	1	2	3	4	5
4-6	当地村民都很重视生猪养殖绿色转型问题	1	2	3	4	5
4-7	本地消费者对猪肉产品质量安全的关注度很高	1	2	3	4	5
4-8	本地村民向您抱怨猪场污染时，您会采取措施减少污染	1	2	3	4	5
4-9	本地居民会积极举报猪场污染事件	1	2	3	4	5
4-10	本地媒体会积极曝光猪场污染事件	1	2	3	4	5
4-11	当地政府对环境保护政策的宣传很多	1	2	3	4	5
4-12	当地政府对猪场污染的监管力度很大	1	2	3	4	5
4-13	当地政府对猪场污染的惩罚力度很大	1	2	3	4	5
4-14	当地政府对治污配套设施（如病死猪处理厂）的建设很好	1	2	3	4	5
4-15	当地政府对生态养殖技术的推广很多	1	2	3	4	5
4-16	您在生产过程中遇到技术难题时很容易获得农技人员的技术指导	1	2	3	4	5
4-17	当地政府对猪场污染治理的补贴力度很大	1	2	3	4	5

4-18. 您的养猪场曾经受到过污染处罚吗？

      A. 没有   B. 有

4-19. 当地政府对猪场污染治理会给予哪些补贴？金额是多少（可多选）？

      A. 生猪良种补贴_____

      B. 畜禽防疫补助_____

      C. 沼气池补贴_____

      D. 标准化养殖场建设补助_____

      E. 有机肥补贴_____

      F. 病死猪处理补贴_____

      G. 其他_____

4-20. 2017 年当地政府组织的养殖技术培训有_____次，您共参与了_____次？

4-21. 当地政府对养猪场的生态生产都提供哪些服务（可多选）？

      A. 贷款优惠   B. 现场技术指导   C. 技术培训

      D. 土地租赁优惠   E. 税收优惠   F. 其他_____

      G. 没有服务

五、环境行为意向

针对以下表述，选择与您想法一致的数字打"√"，各数字的含义如括号所示。

（1：非常不愿意，2：比较不愿意，3：中立，4：比较愿意，5：非常愿意）

5-1	您是否愿意建立治污设施来保护生态环境	1	2	3	4	5
5-2	您是否愿意科学使用兽药/添加剂以确保猪肉产品安全	1	2	3	4	5
5-3	您是否愿意对生产废弃物进行循环利用	1	2	3	4	5
5-4	您是否愿意改变传统养殖方式，实施生态生产	1	2	3	4	5

5-5. 如果您不愿意进行生态生产，请问您的原因是什么（从重要到不重要排序）？ _____、_____、_____、_____

  ①成本高   ②收益小   ③生态生产没必要

  ④周围采用的人少 ⑤生产风险大   ⑥政府支持力度不够

  ⑦技术学习难度大

5-6. 如果您愿意进行生态生产，请问您的原因是什么（从重要到不重要排序）？

  _____、_____、_____、_____

  ①能保证生猪健康   ②收益高

  ③生产风险小   ④能解决环境污染问题

  ⑤周围采用的人多   ⑥遵守环境法规

  ⑦避免负面曝光   ⑧能获得政府补贴

5-7. 如果政府集中改善环境，对养猪业废弃物统一处理，但需要收取一定的费用，您愿意为此支付多少费用？请填具体金额_____。

  如果您填的金额为 0，请问您的原因是_____（仅填一项）。

  ①收入低没有能力支付   ②环境污染不严重，无需投资

  ③保护环境是政府的事情   ④环境污染根本治理不好

  ⑤跟获得良好环境相比，自己的经济收益更重要

  ⑥其他原因_____

本调查到此结束，再次感谢您！